塔木德的財商教養智慧

教出富小孩

猶太媽媽這樣說 用EQ教FQ最有效！

教出億萬CEO的猶太媽媽
Sara Imas
沙拉．伊麥斯——著

野人

作者序——

讓孩子擁有面對金錢的智慧，正是對孩子人生最大的愛與祝福

我千辛萬苦到以色列，目的之一就是學習以色列的家庭教育經驗。但是我當時並不知道，原來以色列的教育裡，最傲視全球的就是財商教育。

那究竟什麼是財商呢？「財商」是指認識與管理財富的能力，是一個人在成長與發展過程中必備的素養之一。「財商」（Financial Quotient，英文縮寫為FQ）一詞最早由美國作家和企業家羅勃特・T・清崎（Robert Toru Kiyosaki）提出，本義是指「金融智商」，華人則把「財商」定義為一個人與金錢財富打交道的能力。

在世界的民族之林中，猶太人雖然歷經艱辛，人口僅占世界總人口的〇・二%—〇・三%，但是在相當長的一段歷史時期內，他們當中不僅產生了馬克思（Karl Marx）、佛洛伊德（Sigmund Freud）、畢卡索（Pablo Ruiz Picasso）等世界偉人，同時也產生了無數的億萬富翁，如羅斯柴爾德（Mayer Amschel Rothschild）、洛克菲勒（John Davison Rockefeller）、哈默（Armand Hammer）等等，控制了全球的經濟命脈，贏得「世界第一商人」的美譽。此外，美國大學中，

二〇%的教授是猶太人；獲得諾貝爾獎的美國人中，有三一%是猶太人。這一定不是偶然的。

有句老話叫「富不過三代」，但是在以色列，這種情況很少發生。一般來說，「富不過三代」難道是因為富翁前兩代累積的財富不夠多嗎？不是的，是因為有的父母一有錢就想給孩子富足甚至奢侈的物質享受，卻沒有傳授孩子必要的生存技能和正確心態。甚至別說第三代，很多家產在第二代就被敗光了。如果不教導子女管理金錢以及創造財富的知識，財富就不會一代一代增加，而是不斷減少，最終一定是坐吃山空，消耗殆盡。

目前，家長都開始重視培養孩子的財商，像是培養孩子的理財技能、挖掘財商潛能、充實金融知識等。但其實大多數家長和孩子都還沒真正掌握財商的精髓。

在以色列，我們並沒有特意去學習財商課程，但是在整個環境的薰陶和親友鄰居的影響下，我們順理成章開始了家庭財商教育，在日常生活中摸索出適合自己和孩子的理財之路，以及財商教育之路。

猶太人的財商是刻在頭腦裡的，一代代傳承下來的。所以，沒人會急著報名什麼財商速成班，大家都是按照自己的節奏讓孩子在潛移默化中學習。

猶太人培養孩子財商的目的，不是讓孩子淪為賺錢的機器、守財的奴隸。相反地，他們把「理財教育」視為「道德教育」或「全人教育」的一環，說明這是在養成孩子人生所需的正確價值觀，要去學會調配、使用、分享資源，從而有信心及實力去實現自己的夢想。

在以色列生活這麼多年，我可以毫不猶豫地告訴大家：**理財就是理人生，所有理財的基礎，都源自一個人對人生的理解和選擇**。我們每天遭遇各種事情，都在思考如何選擇、如何應對，但唯有掌握正確的應對方式，才能在今後的理財之路比別人先行一步、更進一步！

財商智慧包含在人生智慧中，理財也是從理人生開始；如果連人生都沒有理清楚，就沒必要考慮理財了。理好自己的人生，這比全心想著如何賺大錢更能讓人幸福，也更能對社會做出貢獻。

當代社會現在對財商教育高度重視，各種財商培訓班及活動層出不窮，但正是這種重視讓我擔憂。在我看來，財商是不能速成的，真正的財商教育貫穿了整個人生過程。最好的兒童財商教育就在生活中，而父母是孩子最好的財商老師。如果父母能夠靜下心來，帶著孩子在生活中一步一腳印地理順人生，像猶太父母那樣讓孩子在潛移默化中學習，那麼孩子的財商一定不會低。

自古以來，猶太人一直是世界上眾所周知非常會賺錢的民族，對孩子的理財教育堪稱範本。但是猶太人並非刻意如此。猶太父母沒有把財商教育和生活分割開來，而是認為：把自己的生活理好了，財也就理好了。所以，談到財商，我更想跟大家分享的是父母在生活中可以怎麼做。在這本書裡，我只是擔任拋磚引玉的角色，把中國和以色列兩片古老大地上的教育智慧融合起來。我將透過四章的內容，詳細介紹財商教育的四大階段：

第一階段：認識錢，培養孩子正確的金錢觀。當孩子還在牙牙學語時，猶太父母就會教他們辨認硬幣和紙鈔，讓他們體會「金錢可以購買自己想要的東西」，更重要的是告訴孩子「錢是怎麼賺來的」。聰明的父母會談錢，當孩子有了對金錢的初步概念和興趣後，就會逐漸加深「錢能換物」的理財觀念。

第二階段：加強管錢能力，讓孩子做金錢的小主人。很多孩子目前面臨的最大問題是不知如何花零用錢，而猶太家長認為，剝奪孩子掌控錢的機會，會養成要花錢就伸手向家長要、一有錢就花光的壞習慣，缺乏對消費的規畫意識。因此，猶太父母會從小讓孩子計畫自己的零用錢使用方式。

第三階段：訓練賺錢能力，從小打造孩子的商業頭腦。都說「開源節流」，節流重要，開源的意義更大。讓孩子了解賺錢的方式、財富流轉的規則，在工作中還能體會到回報取決於付出，不勞就無獲。從小訓練賺錢能力，將會為孩子的一生帶來巨大的精神和物質財富。

第四階段：培養面對財富的正確心態，除了讓孩子有錢，更有廣大胸襟。財商教育，講的不僅僅是「錢」。時間、智慧、人際關係都是財商的重要組成。除了教會孩子合理花錢、有效賺錢，家長也要試著告訴孩子一些基本的財富常識，培育孩子成為一個受歡迎的人，收穫人生的智慧與幸福。

目次

PART 2

讓孩子做金錢的主人
──從小錢管起，發揮每一分錢的最大價值

PART 3

PART 4 用高EQ賺進幸福——打造正確心態，享受真正的財富自由

PART

1

聰明的父母會談錢

——在日常生活中養成孩子的致富體質

猶太父母總是大方和孩子「談錢說愛」，因為家長就是孩子的財商啟蒙老師，而讓孩子擁有面對金錢的智慧，正是對孩子人生最大的愛與祝福。金錢的運用，就是資源的分配；如何花用金錢，也反映了對資源的敏感度、人生的取捨。

本章中，猶太媽媽沙拉根據多年來的育兒＆育孫經驗，結合在以色列的實地生活考察，不藏私傳授打造孩子金錢觀的教養祕訣，讓孩子在日常生活實踐中，建立正確價值觀與好習慣，從小自然養成「致富體質」！

有效的財商教育，從向孩子索取開始

我在以色列生活了十餘年，發現很多家族的財富都世代相傳，再仔細一看，這世代相傳的不僅是財富，更多是創造財富的技能和心態，這些東西比金錢更有價值。這種有價值的東西，不是來自遺傳，而是來自猶太父母有所堅持的愛子方式和財商教育理念。

說到財商教育，大部分人的第一反應，是教孩子賺錢或者合理運用零用錢。這些確實都是財商教育的重要項目，但是，我要談的第一點是絕大多數家長、甚至連財商專家都會忽視的一點，那就是**「適當地向孩子索取」**。

我一直記得那天的情景，每次想起來都很感動。那一天，我的孩子們就像商量好了一樣，嘁嘁喳喳地圍繞在我身邊對我說：「媽媽，你給了我們三把鑰匙——生存力、意志力和解決問題的能力，我們也要給媽媽三把鑰匙！」

大兒子說：「媽媽，我要給你一把車鑰匙，你的腳總是因為骨刺而疼痛，我要讓你不再那麼辛苦。」

小兒子說：「媽媽，我要給你一把別墅鑰匙！讓我們全家人都能住在一起！」

最小的小女兒也搶著跑過來說：「我是女生，一定要給媽媽一把珠寶箱鑰匙，裡頭裝滿珠寶首飾！」

為了孩子，我走過非常艱辛的路，透過借鑑猶太民族的教子祕笈，融合中國傳統教育精華，我如願得到了孩子們承諾的三把鑰匙。而這一幕之所以會發生，和我對他們的索取緊密相關。我的索取讓他們產生了自信心和責任感，讓他們積極去追求財富，並拿他們辛苦得來的財富和我分享。

猶太父母
這樣想

養成財商的第一步，是根除「不勞而獲」的錯誤心態

可能有些家長會質疑，為什麼要向孩子索取？我透過自己的親身經歷和觀察研究驗證，這是財商教育的重點之一。**我的孩子們之所以能有現在的成就，而且樂於和我分享他們的成就，跟他們童年時我敢於向他們「示弱」、表達自己的「願望」，有著密不可分的關係。**

我也不是一開始就懂得向孩子索取，而是在我帶孩子去以色列生活後，才改變了我的教育方式。眾所周知，猶太民族是個非常具有財富頭腦的民族。我在以色列生活了十餘年，發現很多家族的財富都世代相傳，再仔細一看，這世代相傳的不僅是財富，更多是創造財富的技能和心態，這些東西比金錢更有價值。這種無形的寶藏，不是來自遺傳，而是來自猶太父母有所堅持的愛子方式和財商教育理念。而其中的一個重點，就是向孩

子索取。

這真是不少華人父母無法想像的！大多數華人爸媽習慣了滿足孩子的要求，盡力給孩子創造最好的條件，食衣住行用都在自己的能力範圍內給孩子最高的享受，這就造成了孩子把父母的奉獻當作理所當然，不知道賺錢的辛苦，也不明白這些東西都是父母辛辛苦苦得來的。這些孩子從父母那裡可以輕而易舉要來自己想要的東西，這就造成了他們不懂珍惜、不懂感恩、不懂回報的性格。「啃老族」的出現，很大程度上是父母自己不當的教育方式所種下的惡果。

我曾經在很多場合強調過：中國很多父母給予孩子的愛，不是太少，而是太多了。這些父母不忍心讓孩子從小體驗生活的艱難，也不懂得在適當時機向孩子索取，最終導致子女們一輩子生存艱難，一輩子都在向父母索取！

做父母的一定要改變心態，學會在孩子面前示弱和索取！不必覺得向那麼小的孩子索取太殘忍，其實，孩子也是需要「被需要感」的。**你的示弱和索取，會讓孩子產生「我很厲害，爸爸媽媽都需要我」的自信心，以及「爸爸媽媽這麼需要我，我一定要做好」的責任感。**

猶太父母
這樣做

從小分擔家務，收穫責任心和生存力

還有一些父母會擔心：「如果我向孩子索取，孩子會不會覺得我不夠愛他？」

其實，真正的愛並不是暫時的滿足，而是要看長遠的影響。《戰國策》中有句話說得好：「父母之愛子，則為之計深遠。」（父母疼愛子女，就會替他們考慮長遠的利益。）而猶太父母向孩子索取，並不會影響他們的親子關係。事實上，我在以色列接觸了很多猶太家庭，他們的家庭關係大多都很和諧，父母和孩子間也是充滿愛和信任的。

天下的父母沒有不愛自己孩子的。在愛的程度上，猶太家長和華人家長不分伯仲，都是赴湯蹈火、掏心掏肺。但是，關於如何愛孩子，猶太家長卻有明顯不同的做法，他們以「培養孩子的開拓精神，使孩子成為能自食其力的人」為出發點，注重培養孩子生命深處的技能和素質。**愛孩子就要為孩子深謀遠慮——因此猶太父母把「學會獨立生存」作為最貴重的禮物送給孩子。**猶太父母尊重孩子獨立的人格，把孩子看作一個獨立的人、大家庭的一分子，讓孩子從小參與家庭事務。

就拿我在特拉維夫（以色列第二大城）的鄰居來說吧。他們家的孩子是名副其實的小主人，而不是大多中國家庭中的「小皇帝」。猶太人的孩子經常參與家庭的各種事務，跟父母一起做些力所能及的家事，比如整理房間、準備簡單的飯菜、收拾院子、種植花草樹木、擦洗汽車、打掃環境、幫忙採購等。猶太家長認為做家事是孩子生存教育的基礎課程，也是財商教育的基礎課程。剛到以色列的時候，我也為此震驚。但是事實讓我看到，與當時我那些「四體不勤，五穀不分」的孩子們相比，猶太孩子遊刃有餘地和父母一起做家事，不但不會耽誤課業學習，而且他們還能想辦法賺自己的零用錢，從小就為家庭做出貢獻，這讓我感觸很深。

猶太人從來不覺得，賺錢是個需要長到一定年紀才能去做的事。與華人認為品德教育要從小教起一樣，猶太人也總是認為從小教孩子如何賺錢，才是最好的教育方式。猶太父母會向孩子「示弱」，告訴孩子自己的需求，並向他們尋求力所能及的「幫助」。我從前認為，就算讓孩子做家事賺錢或者出去打工，也只是一種給孩子賺取零用錢的機會，讓他們可以有錢買自己想要的東西。可是猶太父母卻實實在在地告訴我，孩子其實可以參與家庭事務，而且家長向孩子索取的行為，可以培養孩子的責任感和愛心。

那我是如何向孩子索取的呢？我不像傳統的華人父母，總是告訴孩子不要為錢操心，讓孩子認為父母會無限滿足他們的需求。相反地，我經常提醒孩子，我對他們的未來充滿信心，且相信他們每人會送一樣東西給我，而且是能放在我手上的好東西。孩子們都很聰明，知道我的言外之意。

後來，孩子們實現了自己的諾言，依約送給我三把鑰匙，但是讓我感到欣慰的並不在於孩子們給我的寶物有多值錢，而是他們懂得母親的需要。父母不是萬能的，也不是鋼鐵打造的，父母的堅強源自對孩子的愛。父母不是沒有脆弱的時刻，而是把脆弱藏起來了。所以，父母適當地在孩子面前表現出自己的脆弱，可能會得到意想不到的驚喜。

我現在有時也會在孫子孫女面前「示弱」，讓他們送我一朵花，或是一幅自己畫的畫。

看到我收到小禮物時的開心表情，他們比我更開心，因為他們覺得自己雖然年紀小，卻發揮了自己的能量和價值。有時他們請我幫忙做事的時候，我也會適當收取一些「報酬」。這些「報酬」未必是金錢，有時也會讓他們用勞動換取，比如幫我端茶倒水、捶背、澆花等，我會用各種方式讓他們明白「付出才有收穫」。

現在社會中有不少「啃老族」，我認為這都是能幹的父母造成的。當我們在責怪「啃老族」的時候，做父母的首先自己要反省，在孩子小的時候有沒有讓他們明白「天下沒有白吃的午餐」這個道理，要獲得任何美好事物都是需要付出努力的，有耕耘才有收穫，付出了才有可能得到回報。天上掉餡餅這種不勞而獲的事情，是永遠都不會發生的。

我們要教孩子懂得：若想獲得，就必須靠自己去努力爭取。總是給孩子周到的照顧，讓他享受各種美好的東西，就等於讓孩子習慣「不勞而獲」。**適當地向孩子索取，孩子才不會覺得把自己的「不勞而獲」視為理所當然。**

不論家境是清貧或富貴，只要有正直善良、不畏困境、擁有教養智慧的父母，就可以讓孩子學會應對世界上的一切未知，培養出把世界握在自己掌心，又能回饋父母的下一代。

猶太媽媽的財商金鑰

經濟大國的父母都怎麼教FQ？

美國、英國、以色列、日本等經濟發達國家的財商教育起步較早，金融市場發展也較為成熟，這些國家已從國家層面推行兒童財商教育。

在美國，兒童財商教育被稱作「從三歲開始實現的幸福人生計畫」。父母會用寓教於樂的方式，告訴孩子金錢的作用，以及金錢的得來不易。

在英國，理財教育從幼兒開始，並會針對不同年齡提出不同要求：五至七歲的兒童要懂得錢的不同來源，了解錢可以有多種用途；七至十一歲的兒童要學習管理自己的錢，認識儲蓄對於滿足未來需求的重要作用。

在以色列，**猶太人對孩子進行財商教育中最重要的一點，就是培養孩子「延遲滿足」的理念。所謂延遲滿足，就是忍耐不在當下滿足自己的欲望，而是將享樂的時機延後，以追求自己未來獲得更大的回報。**猶太父母會這樣對孩子說：「如果你喜歡玩樂，就得自己賺取玩樂所需的自由時間，而這需要良好的學業成績。之後，你會找到一份好工作、賺很多錢，就能擁有更長的玩樂時間、玩更貴的玩具。但是，如果你本末倒置，就無法達成目的。你只會有很短的玩樂時間，然後得更努力地工作。沒有玩具，沒有快樂。」

在日本，教育孩子有一句名言：「除了陽光和空氣是大自然的賜予，其餘一切都要透過勞動才能獲得。」很多日本家長都鼓勵孩子利用課餘時間打工賺錢。他們認為，在家庭教育中，家務勞動是孩子應盡的義務。

從小建立正確價值觀，做金錢的主人

當孩子還小的時候，父母就該為他們樹立正確的金錢觀。告訴孩子錢是什麼、從何而來，還要告訴孩子勤勞才能換來幸福的人生。唯有對金錢有足夠全面的認識，孩子才能將金錢運用自如，長大後才不至於被金錢迷惑了雙眼、被金錢奴役。

我曾在街上看到別人家的孩子吵著要買玩具，他的爸爸回答沒有錢，孩子就拖著爸爸的手，哭鬧說：「那你去提款機拿錢就好了啊！」因為孩子看過爸媽從提款機領過錢，以為只要把小卡片插進去再按幾個鍵，機器就會「吐」出鈔票。孩子根本不曾想過，錢是爸媽辛辛苦苦賺來的。

現在大家都在用網路銀行、行動支付來付款或轉帳，而隨著支付方式的轉變，很多時候我們不必把現金掏出來，只要刷刷卡、刷刷手機就能買到東西，導致孩子在這種日益無現金化的社會環境下，很難建立對金錢的認知，以為錢是透過手機製造出來的，花錢購物就是拿出卡片、手機那麼簡單，因為他們並沒有親眼看到錢。孩子不知道手機付款帳戶其實串聯了銀行的儲蓄帳戶或信用卡，更不知道這些錢是爸媽工作賺來的，以為只要有手機，商店的東西都可以隨便買。

因此，當孩子還小的時候，爸媽就該為他們樹立正確的金錢觀，告訴孩子錢是什麼、從何而來，還要告訴孩子：爸媽之所以要去上班，是因為勤勞才能換來幸福的人生。唯有了解金錢的各種功用，孩子才能將錢運用自如，長大後才不至於被金錢迷惑雙眼，甚至被金錢奴役。

猶太父母這樣想

大方談錢、實際摸錢，讓孩子認識金錢的本質

財商的核心是金錢觀，本質上和我們的價值觀密不可分。可是現狀是大多數父母自身就不擅長理財、對金錢的認識不足，於是也忽視了孩子金錢觀的教育與養成，而且這種問題不僅發生在家庭教育中，更存在於我們的學校教育、社會教育裡。這樣的教育造成孩子對金錢的認識出現偏差，導致孩子在往後生活中不善理財，若非成為拜金主義者，誇大錢的功用，認為「金錢萬能，有錢就能買到一切」；不然就是對金錢一無所知，低估錢的重要性，花錢大手大腳、對錢不屑一顧，認為「金錢是萬惡之源」。

美國作家、《富爸爸，窮爸爸》（*Rich Dad, Poor Dad*）作者羅勃特．T．清崎曾多次強調：「如果你不教孩子關於金錢的知識，將會有其他人代你來教他。如果要讓銀行、債主、警方，甚至是騙子來進行這些教育，這恐怕不是個愉快的經驗。」父母是孩子最好的財商啟蒙老師，在學校開始系統性的財商教育前，父母必須擔負起責任，抓住一切機會向孩

子說明該如何正確認識金錢、管理金錢、獲得金錢，從而建立自己的財商架構。

那麼金錢到底是什麼呢？對猶太人來說，金錢攸關存亡，人沒錢就無法生存，所以錢非常重要。**但是，賺錢並非唯一和最終目的，賺錢只是手段。賺了錢並不等於成功，真正的成功是獲得知識和智慧。**

金錢作為一種流通工具，我們可以用自己的勞動創造價值、獲得金錢，再用金錢換取我們需要的東西。我把金錢看作人生的工具以及好朋友。金錢本身無善惡，它的是非善惡來自擁有金錢的人是怎麼認識它、使用它的。金錢是把雙刃劍，它能幫助人們得到快樂、保持健康、度過難關、獲取想要的東西，同時也是讓人犯罪、讓人痛苦，甚至生病致死的理由。一張鈔票可能經過不同人的手：賣菜的農夫、銀行的職員、下課後在便利商店買點心的小學生、公司董事長、行竊的小偷……有善人也有惡人，有窮人也有富人。慈善家用錢做公益，陰謀家則用錢來搞陰謀，不同的人使用金錢會得到不同的結果。所以金錢本身並沒錯，關鍵在於使用者的態度及觀念。**父母要教導孩子以平常心正確看待金錢——得之淡然，失之坦然，爭其必然，順其自然。**要做金錢的主人，不該受金錢奴役。

不可否認，我曾經為錢所困，所以我煞費苦心培養孩子的財商。我曾是一個能幹的中國母親，但我在以色列學會了「不要做能幹的父母，要做聰明的父母」！不少華人家長以「把錢給孩子花用」為天職，卻不會和孩子談錢。有些家長擔心從小跟孩子談錢，會害孩子成為眼中只有錢的勢利鬼，但我可以明確地說，如果你向孩子傳遞正確的金錢觀，那就不用擔心。否則如果連錢都不敢談，怎麼建立財商呢？

聰明的父母會談錢。我們要帶孩子從小認識金錢，理性看待金錢，教孩子明白賺錢的意義，知道錢是怎麼來的，知道錢要怎麼用。我們要告訴孩子：我們的生活離不開金錢，同時也讓他們明瞭金錢不是萬能——有些事情錢解決不了，還有些東西，比如健康、親情、友情、愛情，是無法用金錢衡量的。

猶太父母這樣做

親自體會賺錢的苦，才能享受花錢的甜

許多專家是向比爾．蓋茲（Bill Gates）、巴菲特（Warren Edward Buffett）、洛克菲勒等富翁學習，然後再教大眾財商；而我不一樣，我在以色列生活了十二年，我向我的以色列鄰居、我孩子的同學及家長學習，從親身體驗中學到最生活化的財商教育。財商教育本來就是為了生活！要先培養孩子的生存技能與素養，才有資格談財商教育。如果你不希望看到自己的孩子長大後成為「啃老族」、「月光族」，就一定要及時培養孩子正確的財富觀念。

回想我們還在中國生活的時候，我和很多華人父母一樣羞於和孩子談錢，認為賺錢撫養他們是我的責任，孩子只要負責好好學習就可以了。所以剛到以色列時，我的孩子們和當地孩子相比，財商的差距可不只一點點，還曾因為缺乏財商，被當地孩子「欺騙」過。

猶太小孩都很有財商頭腦，這得益於他們從小就開始接受的財商教育。猶太父母在孩子很小的時候就告訴他們：錢不會從天而降，得靠自己的努力去賺取。所以大部分猶太小孩從小就開始做家事賺錢了。

受到以色列鄰居和生活氛圍的渲染，我開始有意識培養孩子的財商。雖然相對於當地孩子來說，我家孩子的財商啟蒙起步較晚，但是我相信，只要有心，什麼時候開始都是值得鼓勵的。起初我是把孩子們送去上學後，自己一個人出去擺攤賣春捲；後來，經過家庭會議協商，決議由孩子們和我一起做春捲、賣春捲。我們根據自己的實際生活經驗，讓孩子們參與我的春捲生意，讓他們自己計算成本和收益，參與利潤分配，在這個過程中慢慢累積財富經驗。我始終認為母親就是孩子的榜樣，**我藉由勞動讓孩子懂得，只有吃過賺錢的苦，才能享受花錢的甜**。我把財商觀念和金錢交易融入了我們的生活，給孩子們最生活化的財商教育。

孩子們由於長期和猶太小孩相處，耳濡目染下也開始慢慢改變自己，向猶太小孩學習。孩子們不再像待在中國的時候，不關心也不談論跟錢有關的事情，也不再把賺錢的責任都丟給我，而是跟同學學習財商，和我一起做春捲生意，還運用自己的優勢和資源賺取零用錢。孩子們的財商頭腦不斷受到刺激，等到他們長大回中國讀書的時候，已經比大部分的同齡人更具財商頭腦了。

「君子愛財，取之有道！」從正當管道獲得錢財，然後心安理得地累積財富的行為，作為一種古老的智慧流傳下來。這樣有計畫地培養財富意識，孩子才能認識金錢的作用，不受金錢控制。

然而，**對金錢除了「愛」以外，還要「惜」，也就是要想辦法保護既有的錢財**。從和我一起賣春捲起，我的孩子就很清楚金錢來之不易，因為這是他們付出了自己的勞動與時間，不管颳風下雨都出去擺攤，賣出一個一個春捲賺回來的。每次收攤回來，孩子們都會一個硬幣、一個硬幣地數，一張大鈔、一張小鈔地算當天的收入，這讓他們真切體會到，財富是從這些硬幣和紙鈔一點一滴累積起來的。

賺錢沒有貴賤之分，鈔票也沒有新舊之分。有些富裕家庭的孩子，鈔票掉在地上都懶得撿，還有很多人喜歡看起來新一點的鈔票，但我的孩子就不會有這種想法。他們小的時候還沒有信用卡，更沒有現在的行動支付，他們在街上賣春捲，收錢、找錢，摸過新舊不一、面額不同的鈔票，經歷的是真正的金錢交易，感受過錢的「實體感」，所以面值再小的硬幣、再髒的鈔票，他們都非常珍惜。

而我孫子孫女的成長環境跟我兒子的截然不同，他們沒有在以色列生活過，也不需要擺攤賣春捲，但是我並沒有忽視對孫子孫女們的財商教育。

在孫子們小的時候，我會跟他們玩一些財商遊戲，讓他們知道錢有什麼用、怎樣才能賺到錢。等他們年紀再大一點，我會給他們零用錢，讓他們擁有能自己支配的金錢。如果亂花零用錢，我也會給予適當的懲罰。

我孫女有段時間和同學一起追偶像明星，但有些行為讓我覺得很難接受，例如聽演唱會花高價買特區的ＶＩＰ票，而非較便宜的看台票。我知道後語重心長地告訴孫女：「我知道你買ＶＩＰ票是想在同學面前炫耀，但是我每個月給你七百元，你要存四個月才買得起一張ＶＩＰ票，這價位遠超過你能力負擔的範圍，花得並不值得。」最後，我給她的懲罰是三個月不給她零用錢。經過這件事，孫女學會更理性使用自己的零用錢了。

猶太媽媽的財商金鑰

三大觀點，為孩子打造正確金錢觀

觀點1 錢是從哪裡來的呢？

錢是爸爸媽媽透過勞動賺來的，並不會憑空出現，也不是銀行提款機「吐」出來的。只有吃過賺錢的苦，才能享受花錢的甜。

觀點2 爸爸媽媽為什麼要工作？

因為勞動能創造價值，醫生、老師、工程師、清潔員……數不清的職業構成了我們生活的社會，人們以勞動創造價值，滿足日常生活所需，讓自己和家人更幸福。我們想要的衣服、玩具等等，都是用「錢」這種物質來進行交換。沒有錢，就不能上學、買衣服、買玩具，家裡也無法購置必需品了。

觀點3 要怎麼變有錢呢？

財富是靠一點一滴累積起來的，所以不要浪費身邊的每一個硬幣，要學會控制支出，理性消費。

用大富翁遊戲玩出孩子的投資觀念

孩子都喜歡玩遊戲，而且喜歡成為遊戲中的勝利者，
求勝之心能激發他們的興趣和鑽研精神。
此外，讓孩子處理遊戲中的突發狀況，
其實也是財商培養的過程。

我一直覺得我的孩子們很幸運，在童年時期能實地接觸猶太人的教育方式、和我一起擬定與實行家庭計畫，在實踐中累積財商知識。但我的孫子孫女就沒有這種機會，所以我得另外創造契機來啟蒙他們的財商。小孩是聽不懂那麼多大道理的，於是我想到用遊戲的方式來代替。

猶太父母認為，想讓孩子懂理財，應該先讓孩子注意身邊與金錢有關的細節，最常見的做法，就是設計一些與此相關的「財商遊戲」。孩子都喜歡玩遊戲，而且喜歡成為遊戲中的贏家，求勝之心能激發他們的興趣和鑽研精神。那麼有哪些財商遊戲適合家長和孩子一起玩呢？讓我為大家推薦幾個有趣的遊戲。

猶太父母這樣做

提升財商敏銳度的六個遊戲

財商遊戲1 大富翁桌遊
——在競爭過程中，鍛鍊孩子的「致富思考」

猶太民族很擅長投資，這跟他們從小接受的教育息息相關。猶太父母教孩子投資時，通常會從「大富翁」之類的入門遊戲，建立孩子對投資的初始印象，再將簡單的投資知識融入其中。因此爸媽不妨嘗試帶孩子玩玩「大富翁」這類經典的財商遊戲，在遊戲中激發孩子對金錢、財富的興趣。

財商遊戲2 物品價格猜猜看
——吃米要知米價，增強對數字、物價的敏感度

我和孩子們經常玩猜物品價格的遊戲。這個遊戲很簡單，父母可以在一個紙箱中放入一些日常用品（比如飲料、牛奶、書、鉛筆、牙膏、玩具等孩子日常可以接觸到，並能在超市找到價格的物品），撕掉或遮住上頭的價格標籤，讓孩子來猜價錢。比如：一瓶可樂多少錢？一本書多少錢？一個玩具多少錢？誰猜對了就給他跟價格對應的錢，到最後看誰的錢最多，

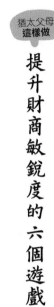

誰就是贏家，可以得到適當的獎勵。當然，和孩子玩遊戲時，可以不用真正的錢，而是和孩子一起「製作」一些玩具紙幣，再開始遊戲。

孩子為了贏得比賽，平時跟父母逛超市的時候，就會留意商品價格，增強對價格、數字的敏感度。此外，我還會告訴孩子，決定商品價格的因素可不只有成本，供需關係、消費者心理也是重要因素。

財商遊戲3 超市採購遊戲

——善用有限的資源，滿足最大需求、賺取最大收益

首先，父母要為孩子準備幾樣商品、購物籃、一些紙鈔和硬幣，甚至可以購置一個玩具收銀機。然後，父母與孩子分配角色來扮演顧客和老闆。三四歲的孩子已經認識一些數字了，父母可以先教他們辨認硬幣和紙鈔，以及認識價格標籤，讓孩子知道「金錢可以用來購買自己想要的東西」。扮演老闆的孩子需要了解每件商品的成本，為商品制定一個合理價格，計算每次交易收益；扮演顧客的孩子則要想辦法用最少的錢買到自己想要的東西。**不管是扮演老闆還是扮演顧客，孩子都需要精心計算再做出選擇，而選擇和計算的過程就是財商觀念成形的過程。**

等到孩子年紀再大一點，父母就能帶孩子去超市進行實際採購。去超市前，先與孩子

一起列出今天要採購的商品清單和費用預算。若總金額超過預算，父母要告訴孩子如何合理選擇商品，一起調整清單內容；若預算還有富餘，可以獎勵孩子一件小禮物。

財商遊戲4 假如我有一百萬

——讓孩子盡情想像財富的使用分配

這其實是個培養理財思維的想像遊戲，讓孩子想像：假如自己有一百萬，要如何分配這些錢？當然，金額是可以變動的。這個遊戲的關鍵，在於家長別去限制孩子的想像和答案，只要孩子能給出自己的分配方案和理由就行了。我參加過一些青少年與兒童的財商電視節目，其中也出過類似題目，參與節目的孩子都能條理清晰地闡述自己的方案，我相信這些題目對孩子的財商思維極具啟發性。

財商遊戲5 跳蚤市場

——練習討價還價，社交技能、經營能力大升級！

適逢節假日時，父母可以帶著孩子到跳蚤市場一起擺地攤，出售家裡不用的物品。讓孩子擺地攤不僅能直接跟錢打交道，而且除了培養孩子的財商，還能培養社交能力。

我一個朋友也曾帶著兒子一起擺地攤，在這個過程中，孩子學會了給商品定價、與客人交流時學會了「討價還價」，而且因為自己實際參與了買賣，才體會到賺錢的不易，花錢也變得有計畫、有取捨，不再像以前看到什麼都想買。**此外，擺攤時會遇到很多突發狀況，讓孩子處理這些狀況，其實也是財商培養的過程**。比如有一次，一個客人的結帳金額是六元，但是客人提出一項協商：「如果我用現金支付，能否只付五元？」他的理由是，從行動支付提領款項要再付額外手續費。這孩子當時一頭霧水，經過對方解釋，才了解「提現手續費」的規定。

還有一次，孩子們擺攤時被隔壁攤的套圈圈吸引，帶著自己剛賺到的兩元想去玩，但是攤主說：「兩元不能玩，只能十元玩五次。」看著孩子們沮喪的表情，我的朋友和他的孩子們一起想辦法做了兩個圈圈，然後把自己帶去賣的小東西擺在地上玩套圈圈，孩子們定價「兩元一次，十元六次」，結果不但自己玩過癮了，而且生意還比之前直接販賣商品時更興隆。

不同經營方式能帶來不同效益，孩子們在實踐中體驗到了這個道理，紛紛表示以後還要想出更多經營花樣。

財商遊戲6 模擬打工
——體會勞動市場的對價報酬，開展職涯想像

這個遊戲主要能讓孩子知道錢財來之不易。孩子如果不知道爸爸媽媽每天工作是多麼辛苦，就不會珍惜，也不懂感恩，更不會有「我以後要辛勤工作賺錢」的想法，花起錢來也容易隨便與浪費。

模擬打工就是藉由模仿父母的工作場景，讓孩子體驗錢來之不易。孩子可以參與爸媽一天的工作，或是其他工作。玩這個遊戲前，最好先帶孩子了解現實生活中每項工作的大致報酬，以此標準來制定打工工資。如果之前玩過猜價格遊戲、超市採購遊戲，孩子自己就會有個初步對比：我做什麼工作，一天的工資可以買到哪些東西。這樣才會更深刻明白賺錢不易，要理性消費。而**「不同工作可以獲得不同報酬」這件事，會讓孩子在觀察中發現哪些工作的報酬更高**，說不定還會激發他們用功學習的動力。

生活中的財商遊戲還有很多，父母可以從小多陪孩子進行這類遊戲，在遊戲中建立孩子的財富意識。只要父母有心，肯動腦筋為孩子創造機會，就會發現生活中處處有財商教材，培養孩子的財商頭腦其實沒有那麼難。

猶太媽媽的財商金鑰

如何激發孩子的商業頭腦？

❶ **蒐集財經資訊：**家長可以把財經新聞經過自己的理解消化後，轉化成通俗易懂的內容講給孩子聽，讓孩子保持對財富、經濟的敏銳。

❷ **學習理財知識：**引導孩子閱讀兒童理財書，教導股票、保險等基礎理財知識。

❸ **實踐賺錢能力：**家長要激發孩子的賺錢意識，引導孩子思考自己能為他人做些什麼，從小培養商業頭腦。

實戰生活應用題，鍛鍊數學邏輯

我之所以讓孩子們一起搬家整理，主要是想培養孩子的責任心和家庭意識，讓他們願意為這個家盡自己的一分力，藉由處理家庭事務培養他們的財富觀。我在潛移默化中傳遞了我的財富觀——空間也是財富，必須去思考怎樣才能擁有更多的空間、讓空間利用更合理。

養成「事前計畫」好習慣，自然頭腦精明

「財富觀」所具備的概念不僅是金錢的往來，更源於你對生活的觀察與體認。只要有心，財商教育在生活中無處不在，聰明的父母要善於抓住機會。**從小培養孩子對數字、邏輯的興趣，正是猶太人頭腦「精明」的根本原因。**

我小的時候，爸爸帶我去菜市場買菜，都會先算好當天要花多少錢，再有目的性地挑選。現在不少家長覺得自己口袋裡有的是錢，買東西從不事先計畫。試想，孩子在這樣的環境薰陶下長大，有可能建立好的理財觀念嗎？

舉個例子，我家買冷氣時，我會先帶著孩子一起計算房間面積，才決定要買哪種功率的冷氣。安裝好後，我們會一起計算冷氣一天開幾個小時才合理。作為家長，我們要教

導孩子認識財富、管理財富，培養孩子節儉的習慣。現在我女兒放假回家，我會告訴她因為她房間裡裝的冷氣功率較高，所以建議她先在我的房間坐一會兒，準備回自己房間前再把冷氣打開，然後離開房間前半個小時就把冷氣關掉。只要提醒孩子，他下次就會注意了；但若你從來不提醒，孩子就會理所當然地花家長的錢。

我帶孫女搭公車時，我們會事先研究路線，研究怎樣轉乘才是最經濟的方案。古代的聖人告訴我們：「不積跬步，無以至千里；不積小流，無以成江海。」（一千里路，是由一小步、一小步累積起來；大江大海，是由許多細小的水流匯聚而成。）幾塊錢長期累積下來，就會變成很多錢，但是很多家長都輕忽了這些小錢的力量。**如果看不起少少幾塊錢，可能就錯失擁有更多錢的機會。在計算的過程中，提升孩子對數字、邏輯的興趣，也會逐漸養成孩子的財商觀念。**

有些家長會說孩子不喜歡這樣事事計算，覺得才幾塊錢的事情，沒必要算。這個時候就需要父母想辦法了，比如給孩子一定的獎勵，把孩子經過自己思考、計算節省下來的錢，作為獎勵給孩子。財富有時是股動力，能推動孩子去賺錢。有了獎勵機制，孩子也會愈來愈喜歡思考如何合理計算、規畫。而這一連串思考、選擇、計算的過程，就是一個孩子成長的必經之路。

再舉個例子，搬家與整個家庭的財富管理相關。搬家後，家具擺放也是一門學問。我搬家時，是讓孩子們先量好房間的面積尺寸，再把所有家具尺寸也量好，再按比例縮小，用硬紙板做好模型（順便鍛鍊孩子的動手能力）。接下來，將家具模型在一張A4紙板上反覆試放，規畫家具怎麼擺放才更合理、更舒適。現在不少家長喜歡給孩子報名很多補習班，卻忽略了生活中的學習。其實擺放家具的過程，就是一個運用數學知識和模型計算的好機會，孩子要經過反覆測量、計算，才能找到最合理的擺放方式。單純靠感覺是不行的，因為感覺永遠不如數學計算的精確。

而在實際搬家具的過程中，也會遇到各種問題，比如角度不對放不進去。這個時候就要根據實際情況反覆嘗試，看看該是橫放還是直放？需不需要把旁邊家具先挪開？解決這些問題就需要空間觀念和財富觀念。如果孩子從小就跟著爸媽解決生活中的難題，那麼即使不曾學過系統式的理財課，財富觀念也不會太差。

從生活難題中，發掘「精打細算」的樂趣

我之所以讓孩子們和我一起搬家整理，主要是想培養他們的責任心和家庭意識，讓他們願意為這個家盡自己的一分力，藉由處理家庭事務培養他們的財富觀。我在潛移默化中傳遞了我的財富觀——空間也是財富，必須去思考怎樣才能擁有更多空間、讓空間利用更合理。

等到家具擺好了，我們還可以在地上放置地毯，讓孩子們在地上玩，盡可能有效利用

地面空間。和孩子一起測量、計算、分配空間後，每個人都有自己的私人空間，也有了大家一起學習玩耍的公共空間。孩子們參與了整個規畫過程，不只讓他們對自己的家更有歸屬感，也增強了精打細算的動機與興趣。

不少家長都忽略了要給孩子一個契機、一個空間，讓他有興趣去做某事。孩子的熱情未必反映在課業上，而是在生活實踐中。體驗生活帶來的收穫並不會少於課本，例如生活中會遇到很多難題，但若家長把問題想得很嚴重，使用很多手段阻止孩子，那麼孩子就容易變得止步不前。我一直相信，在生活和人生的道路上，成功和失敗都是財富。

我們活在這世上，不僅要關注個人財富，也要關注社會的財富資源；我這樣說，也一直這樣做。有段時間，太陽已經高升了，街上的路燈卻還是亮著，於是我馬上聯繫相關部門，直到他們把路燈關了。還有一次，我入住一家飯店，飯店房間乍看還不錯，細看卻發現問題不少：燈泡不亮，浴室水管有點堵塞，馬桶水一直在流。很多人想說，這又不是我家，關我什麼事？但是一個具備財富觀念的人就會明白：**這是人類的資源，我們不能浪費——這既是一種責任感，也是一種廣泛的財富觀念**。不浪費水資源、隨手關燈、理性消費，這些都是我們能做到的理財方式。於是我立刻致電櫃台請人維修。

財富觀反映我們心中的價值觀。財富觀絕不可以就財、富兩個字拆開來講，社會在前進，孩子再也不會坐在高高的穀堆上，聽長輩講過去的故事。如今，大家非常焦慮孩子的課業、升學考試、競爭、就業、房價和房貸，和我們從前的煩惱不同。但若這些東西占據我們和下一代的生活和心靈過多，生活節奏就會被打亂。**作為家長要善於分辨，教孩子如何堅守自己的內心原則。只有內心堅定，才能在財富的路上走得長遠。**

猶太媽媽的財商金鑰

《塔木德》的十則財富格言

《塔木德》被奉為猶太人的致富祕笈，喚起無數猶太富翁體內的致富基因，集宗教、律法、待人處事及經商法則於一冊，是兩千多位猶太學者在這千年來累積的智慧結晶。以下從《塔木德》中，精選十則道破財商精髓的智慧格言：

❶ 寧可一輩子只吃洋蔥，也不願為了飽餐一頓雞鴨魚肉而讓其他日子挨餓。

❷ 上帝把錢作為禮物送給我們，目的在於讓我們購買這世間的歡樂，而不是讓我們攢起來還給他。

❸ 當用則用，當省則省。

❹ 讚美有錢的人，並不是讚美人，而是讚美錢。

❺ 獨特的眼光比知識更重要。

❻ 生而貧窮並無過錯，死而貧窮才是遺憾。

❼ 別想一下就造出大海，必須先由小河川開始。

❽ 在別人不敢去的地方，才能找到最美的鑽石。

❾ 借錢給朋友，將以失去友情作為利息。

❿ 失去金錢，只是失去半個人生，但失去勇氣，失去的是整個人生。

讓孩子「當一天家長」

——學會看帳簿、安排家務，訓練自主能力

「當一天家長」是讓孩子提前體驗家長的生活，了解家長的辛苦，進而學到生存的本領、與人相處等生活技巧，以及增強家庭責任感。模擬家長的日常就是要讓孩子明白這些，才不會對父母的勞累視而不見、把父母的辛苦照顧看成是理所當然。

你會讓十歲的孩子看家裡的帳簿、參與家庭事務與規畫嗎？你的孩子了解你一天工作都在做什麼嗎？以上這些事情在猶太家庭非常普遍，以色列父母讓孩子學習文化知識前，就會讓孩子先做家庭的小主人。

就拿我們在謝莫納鎮的一家猶太鄰居來說吧。我們家住三樓，隔壁鄰居經濟條件不錯，是因為他們自己的房子正在裝修，才臨時租借我們隔壁的房子。儘管他們家境頗為寬裕，他們仍然讓十歲的兒子看家裡的帳簿，這讓我非常驚訝。十歲的孩子怎麼看得懂帳簿呢？看懂了又如何？孩子又不會賺錢啊！讓孩子知道在現階段的日常生活要花費多少、明白家裡需要很多錢來付帳，這有什麼意義？我充滿困惑，於是向鄰居詢問原因。

鄰居解釋給我聽：因為他們想讓孩子明白誰都喜歡玩樂、過好日子，但這需要受過良好的教育並獲得優異的學業成績，擁有工作和生存的能力，才能得到自己想要的自由和

玩具。讓十歲的兒子看家裡的裝修帳目，能讓孩子明白錢的價值及如何管理金錢，這就是一種讓孩子了解家境的教育法——首先要了解，才會珍惜。

猶太父母這樣做

跟著爸媽過一天，體會賺錢大不易

在以色列的學校裡，有個社會調查活動叫「參觀爸媽的一天」。我曾在很多場合向中國的家長以及學校推薦這項活動，因為它的確能讓孩子對爸媽、對家庭有更深刻的了解。學校說，之所以舉辦這活動，是因為很多孩子不知道父母每天都在做什麼，也不知道爸媽的工作到底要怎麼做，所以也不了解父母的辛苦。多年來的活動效果表明，讓子女看看爸媽一天都做了些什麼，比任何說教更有效。如果讓孩子看到做工人的父親晒了整天的太陽，如果讓孩子跟在廚房裡看著做廚師的母親在灶火前汗流浹背，如果讓孩子跟著做店員的家長在百貨公司站一整天站到腳腫……也許你家就不會出現「啃老族」了。

我兒子就讀的中學就曾舉辦這項活動，調查爸媽從起床到就寢前所做的事情，這讓兒子和他的同學感觸頗深。兒子回來跟我說，在活動成果發表那天，好多同學都哭了，他們沒想到爸媽賺錢原來這麼不容易。一個曾經跟媽媽要名牌溜冰鞋的同學，親眼看到媽媽在嘈雜機器聲中忙碌的背影後，慚愧地說：「那天，我看到媽媽的手臂都累得抬不起來了。」他為自己平時不珍惜媽媽的辛勞而愧疚。

猶太父母這樣做

實施「值班家長制」，打磨孩子的統籌與生存能力

即使沒有條件舉辦這樣的活動，爸媽在平日裡也要經常向孩子告知家庭情況，創造讓孩子了解家庭的機會。為此，在教育我的三個孩子時，我和孩子們還設定了「值班家長」制度。「值班家長」的三項任務分別是：維持家中整潔（包含拖地、洗碗等）、打理一日三餐、安排全家人一天的共同活動（比如外出遊玩、拜訪親友等）。

本來我還擔心孩子們會不適應，結果他們當起值班家長都做得有模有樣。大兒子擔任值班家長的第一天，就早早為家人備好了早餐，懂得注意節約用水等諸多細節。孩子們都好好地達成任務，還在過程中摸索出很多生存本領、理財技巧以及做人道理。

「當一天家長」的目標不是看孩子能替家長做多少事，孩子自己也知道，其實有很多事情是他們不能替家長做的。這個活動是讓孩子提前體驗家長的生活，了解家長的辛苦，進而學到生存的本領，以及增強家庭責任感。**沒當過家長的孩子或許不明白賺錢的辛苦，不知道如何平衡家計，不懂與人相處等生活技巧，而模擬家長的日常就是要讓孩子明白這些，才不會對父母的勞累視而不見、把父母的辛苦照顧當作理所當然。**站在家長的角度來審視一天的家庭生活，孩子會試著規畫家裡的一日開銷，更深刻學會生活中的理財知識，培養自己的財商，做個理財高手。

適當讓孩子知道家中經濟情況並非壞事，只要家長邁出一小步，孩子就成長一大步。

自從我跟孩子告知家裡的情況後，孩子覺得媽媽一個人持家很辛苦，突然就變懂事了，會盡己所能幫我減輕負擔。**因為在家中有了知情權和發言權，孩子會變得非常積極。孩子的家庭歸屬感和責任感，都源自於知情和你對他的尊重。**

適當向孩子告知家中困境，比如家裡沒錢了、遭逢困難了，這些都會培養孩子的責任感和獨立性。有些家長特別喜歡「打腫臉充胖子」，傾家蕩產也得為孩子鋪平道路，但這種所謂的鋪路，其實根本不是愛孩子，而是害孩子。家長適當表現出脆弱的一面並非壞事，生病時讓孩子幫你倒水、拿藥，能讓孩子轉換視角、認識不同的世界。猶太家庭中常見的「有償生活機制」，讓孩子為家長提供的餐食與用品付出代價，此舉並不是為了從孩子身上賺錢，而是為了讓孩子了解勞動的意義、觸發生存積極性、樹立生活理想，以及培養責任心。

「別將應付的報酬留到第二天早上」，這是猶太家長有償生活機制的基本法則之一。我每天都把孩子應得的那份報酬分給他們。手裡有了媽媽按工作支付的零用錢後，孩子們並沒有拿著錢去胡亂消費，而是幫我支付家裡的生活開銷。有時好幾個月我都沒看見電話帳單，還打電話給電信局詢問怎麼沒寄帳單過來，結果對方馬上回答「已經付清了」。經過幾年的錘鍊，我的兒子以華和輝輝不再是初到以色列時那兩個衣來伸手、飯來張口的男孩子了。過去，我老是把他們「關在籠子裡」，他們也就覺得自己是籠子裡的鳥兒，應該被餵養。但是實施有償生活機制後，只要他們發現家裡什麼東西用完了，就會悄悄買回來補上。家裡的大小日用品，從油鹽醬醋、牙膏、洗衣粉，到冰箱裡的食物，幾乎都是他們自己買的。他們說，每次繳納水電費或者購買日用品時，就會想到自己能為母親分擔、為家人做出貢獻，一股成就感與滿足感就油然而生。

某次我看著冰箱裡滿滿的食物，非常感動地對他們說：「媽媽對你們的舉動無限感慨，深切希望你們將來能一直這樣：不因為大事還沒做成，就不做小事。你們做了這麼多精緻的小事，媽媽深信你們將來一定會有所成就！」為什麼我這麼有信心？因為，我的孩子們不僅懂得顧家，也懂得立即支付的道理。

當前中國有六成五以上的家庭存在「老養小」的現象，三成的成年人基本上靠父母供養，不少人都在高喊：「謹防養兒『啃』老！」這現象顛覆了華人多年來養兒「防」老的觀念！你願意省下自己的錢留給孩子花，這其實無可厚非，**但我認為更好的情況是長輩為孩子錦上添花，而不是雪中送炭**——否則如果孩子一有困難就馬上拿錢幫他，下著雪你給他送炭，他怎麼會知道冷呢？**孩子該在困境中努力闖出來一條生路，家長沒必要在成長過程中，為他掃清所有的障礙**。古詩有云：「不經一番寒徹骨，焉得梅花撲鼻香？」梅花如此，孩子亦如此。讓孩子參與家庭規畫，在匱乏環境中養成自食其力的本領，他才有機會成長為一個真正的人。

此外，我們必須讓孩子知道，每個人都有自己的位置和責任。就如同《羅馬假期》（*Roman Holiday*）這部電影，很多人只關注愛情故事的浪漫，我卻看到了一個人的責任感。

當公主擁有一天完全自由的日子，她離開皇宮，走入平常人的生活——雖然她享受著這種生活，也會陷入愛情，但當她清醒後，她明白自己揹負的責任，於是選擇回歸。當大臣問她這一天都做了些什麼時，公主回答：「如果我的心裡沒有我的國家、沒有責任感，我就不會回到皇宮了。」正因為她有這份責任感，才有可能管理好自己的國家。

而我們普通人也需要有責任感，才能理好自己的財，理好自己的人生。

猶太媽媽的財商金鑰

猶太家長給孩子的八個人生忠告

猶太民族的優秀和他們出色的家庭教育分不開。下面這八句話，是猶太人教育精華的總結。

❶ 知識和智慧是誰也搶不走的財富，任何時候都要重視學習。

❷ 和怎樣的人交往，你就會成為怎樣的人。

❸ 學習需要不斷地重複和鞏固。

❹ 每個人都是獨一無二的，要相信自己。

❺ 付出終會有回報，要善於等待，不要急於求成。

❻ 如果遭遇失敗，一定要找出原因並避免同樣的錯誤，這會讓你收穫很多。

❼養成善於提問的好習慣，有自己獨立的思想，不人云亦云。

❽時間就是金錢，一定要珍惜時間，學會合理安排時間。

未來CEO養成計畫
—— 實際工作體驗，激發創業潛能

賺錢欲望來自消費欲望，所以，孩子想要擁有某樣東西其實是好事！
接下來只要引導孩子自己付出努力去收穫與擁有，而非父母自動幫忙滿足。
聰明的父母懂得鼓勵孩子的賺錢欲望，
愚笨的父母打壓孩子的物質欲望，打造一個未來的窮人。

在猶太人的家庭裡，任何東西都是有價格的，每個孩子都得學會賺錢，才能獲得自己需要的一切。起初，我覺得這種教育手段頗殘酷，但是孩子們在學校也被灌輸這樣的理念，他們比我更輕易接受了這種猶太法則。於是，我也決定改變對待孩子們的態度，試著培養他們成為猶太人。

猶太父母這樣做

從家事幫手晉升合夥人，打開孩子的經營視角

首先，我們家確立了「**有償生活機制**」，家裡的任何東西都不再無償使用，包括我這個母親提供的餐食和服務。在家吃一頓飯，需要支付給我一百阿高洛*的費用，洗一次衣服則得支付五十阿高洛……。收費的同時，我也提供孩子們賺錢的機會，以每個春捲三十

阿高洛的價錢批發給他們，帶到學校自行加價出售，獲得的利潤就讓孩子們自由分配與使用。

第一天下午回來後，我得知三個孩子賣春捲的方式竟然截然不同。

小女兒比較老實，照我平時單個五十阿高洛的定價零售賣出，賺進了四百阿高洛。

小兒子降低售價為四十阿高洛，但採用批發手段將春捲全部賣給學校餐廳，儘管只有兩百阿高洛的利潤，但他告訴我餐廳同意每天讓他送一百個春捲去。

大兒子的方式比較出人意料，他在學校舉辦了一個「帶你走進中國」的主題講座，由他主講在中國生活的見聞，聽眾還能免費品嘗美味的中國春捲，但是需要購票入場，每人十阿高洛。每個春捲都被他精心分成十份，他接待了兩百個聽眾，入場券收入兩千阿高洛，減去五百阿高洛場地費和六百阿高洛的春捲成本後，賺到了九百阿高洛。

除了小女兒的方法在我意料之內，兩個兒子的經營方式都超乎我的想像。我實在沒料到，短短數日間，以前只會黏著我撒嬌的孩子竟搖身一變，成了精明的小猶太商人。

當我們一家四口累積到充沛的資金後，就合資開辦了自己的中國餐廳。我占四〇%股分、大兒子三〇%、小兒子二〇%、小女兒一〇%。等到我們家的餐廳打響知名度，我

* agora，以色列的貨幣單位。一百阿高洛可換一謝克爾（shekels，也是以色列幣幣值），一謝克爾約合新台幣十元。

也得到了很多關注。在我獲得當時的以色列總理拉賓（Yitzhak Rabin）的接見後，我成了以色列的名人。此時我的希伯來語已經非常流暢，再加上母語中文的優勢，所以被以色列國家鑽石公司邀請擔任駐中國首席代表。

我發現很多父母都處在一種左右搖擺的矛盾心態，他們希望自己的孩子將來能成為大富翁，卻又害怕孩子過早沉迷金錢——這就好像希望孩子將來能有個幸福的家庭，卻又害怕孩子在青春期早戀一樣，想法和行動表裡不一。猶太人用敲擊金幣的聲音迎接孩子的出生，而許多華人父母哪怕心中對金錢憧憬無限，卻從來不肯挑明這個話題。其實這並不難，只要簡單的一句：「孩子，我想當一個富豪的媽媽……」

中國人常說「窮人的孩子早當家」（出生貧困的孩子因為了解生活不易，所以更早獨立、扛起家計），還有人說現在的孩子之所以不求上進是因為生活條件太好。其實，來自貧困家庭的孩子未必都能出人頭地，出生富裕家庭的孩子也未必都沒出息，關鍵在於家長如何引導，運用智慧對孩子進行正確的財商教育。

前往以色列之前，兒子們讀書也很認真，可說是全神貫注。但是他們當時是被動去讀書，將讀書視為他們該做之事，卻從沒想過為什麼要讀書，也沒想過讀完書後要做什麼。去了以色列之後，他們跟著我一起做春捲生意，受到周圍同學的影響，才開始思索自己的人生。

有天，開了竅的兒子跟我說：「媽媽，我每天出去觀察、尋找時，會給自己定個目標。

我不是為了賺錢，也不是要達到某個數字，而是一直在鑽研自己應該投入哪個行業，希望自己每天的時間過得有價值。」**鑽研是猶太人的成功之道。我分析眾多猶太商人的成功之路，發現他們大多都是先鑽研如何成為某個行業的專家後，才以之起家的。**若你在以色列與猶太商人打交道，就會發現他們知識面很廣，眼界很開闊，不愧是一個擁有幾千年輝煌的商業智慧和豐富商業實踐經驗的民族。

猶太父母
這樣想

當個富豪，不如當個富豪的媽媽

我帶著三個孩子從上海來到以色列，這一去就是十餘年，我三個孩子的青少年時代都是在以色列度過的。將相本無種，賺錢沒有年齡的限制，我的兒子們是典型的「七〇後」（一九七〇年代末期出生），他們沒有家財萬貫的父母，也沒有有權有勢的親戚，按他們的年紀，他們也買不起上海的房子。但我的小兒子還在就讀大學時，就成了嶄露頭角的鑽石商「小猶太」，他運用從小學會的投資觀念，加上及早養成的一流專業技能，成為全球為數不多的完美切割鑽石生產商，在全球四百多個國家與地區設有分公司，自行創業就獲得人生第一桶金，在三十歲前實現了成為富豪的夢想。

我的孩子們是在跨國教育的薰陶中長大，經歷了從中國式教育到猶太式教育的轉變，他們的本性沒變，惰性和依賴性卻很快從身上消失，經年累月的錘鍊後，我看見我的孩子成為敢想、敢闖、敢做、敢當的人，從一個普通大學畢業生轉為成功鑽石商人。

我想讓天下的父母知道，**愛孩子並不是看你能給他多少錦衣玉食，而是看你能不能栽培出他的生存技能和財商素養**。光是給孩子房子、車子，也許能讓他少奮鬥幾年，但是他們並沒有獲得真正的自主能力，也感受不到自行創業、憑一己之力累積財富是多麼幸福的事情。父母這樣做，其實是剝奪了孩子的生存戰鬥力。

我已經成功成為了富豪的媽媽，如果你想跟我一樣，也可以從小告訴孩子「我想當一個富豪的媽媽」。那麼接下來的問題就是，你有能力把兒女培養成富豪嗎？很多人富不過三代，主要是因為第一代拚了老命累積的財富，結果家長自己的財商不足，也無法或沒有給予子女財商教育，所以家產往往到了第二代就被敗光了。

我會送孩子去打工，是因為我要讓他們知道生活的艱辛和生存的法則。我的兒子和女兒都在以色列服了兵役，且都是模範戰士，這是我最大的驕傲，因為我把他們教育成為勤勞、勇敢的人。我積極培育子女成才致富，把兒子送回中國讀書，也是因為希望他們同時具備中華的文化涵養。

富人之所以是富人，源於他們的賺錢欲望。這股強烈的賺錢欲望也是所有富人的共同特徵。**賺錢欲望來自消費欲望，所以，孩子想擁有某樣東西其實是好事！**接下來只要引導他們付出自己的努力去收穫與擁有，而不是父母自動幫他們滿足。努力的父母鼓勵孩子的賺錢欲望，愚笨的父母打壓孩子的物質欲望，打造一個未來的窮人。**富人與窮人的**

其中一個明顯差異在於：富人把欲望用來賺錢，窮人只把欲望用來花錢。

不少父母想把遺產留給孩子，認為這樣孩子就不會過上窮苦的生活。殊不知，被父母培養成毫無賺錢欲望、只有消費欲望的下一代，很快就會把錢花完，成為窮人。那該怎麼做呢？我會說，除了教孩子快速賺到最多錢，還要合理利用錢，把金錢產生的利益最大化。

猶太媽媽的財商金鑰

養成富人思維的十五種正向習慣

1. 富人做得多，窮人說得多。
2. 富人向前看，窮人向後看。
3. 富人獨立思考，窮人亦步亦趨。
4. 富人用錢生錢，窮人用勞動力換錢。
5. 富人喜歡投資，窮人更愛存錢。
6. 富人惜時如金，窮人消磨時間。
7. 富人改變自己，窮人抱怨環境。
8. 富人為失敗找原因，窮人為失敗找藉口。

❾富人擁有持久的熱情，窮人三分鐘熱度。
❿富人遇到困難愈挫愈勇，窮人失敗後一蹶不振。
⓫富人認為機遇需要自己尋找，窮人認為機遇可遇不可求。
⓬富人經營自己的長處，窮人批評別人的短處。
⓭富人開創自己的道路，窮人走別人走過的路。
⓮富人追求精益求精，窮人容易得過且過。
⓯富人為自己工作，窮人為別人打工。

PART

2

讓孩子做金錢的主人

——從小錢管起，發揮每一分錢的最大價值

學習財商，不能只有紙上談兵！孩子建立正確的金錢觀基礎後，猶太父母讓孩子賺取、支配自己的零用錢，透過實際操作，從小了解儲蓄的必要，學習合理分配與運用金錢。

本章中，猶太媽媽沙拉借鑑世界級富豪的生活觀與教養觀，用「延遲滿足」的手段教導孩子合理消費、自律理財，養成孩子等待小錢滾出大錢的耐性與修養。

8歲零用錢自理，讓孩子領略用錢的藝術

猶太富豪的孩子不但沒有從小享受富裕生活，連零用錢也得來不易。洛克菲勒發給每個孩子一個小帳本，要求他們記清每筆支出的用途。帳目列計清楚、用途正當的孩子，下週的零用錢可以增加，反之則減少。這種賞罰方式讓孩子從小就掌握記帳的本領，懂得用錢的藝術。

一個高財商的人，同時需要具備足夠的金錢掌控能力。否則就算有機會獲得大筆金錢，也會因為能力無法負荷而反過來被金錢控制，最終變得一無所有。

財商訓練要從零用錢管理開始。**對孩子來說，零用錢是歸他們自己所有，也是最早能夠自己支配的金錢。若要培養孩子掌控錢的能力，零用錢可說是絕佳的起點，所以父母應該把零用錢還給孩子。**猶太家長在零用錢教育上下足了工夫，給孩子零用錢後，還會教孩子如何用錢，與大多數華人家長給孩子零用錢但不討論、不指導的做法不同。

以色列小孩三歲開始辨認錢幣，七歲學會看商品的價格標籤、判斷自己是否具備購買能力，八歲想辦法自己賺零用錢，九歲就可以和商店討價還價，十二歲起具備節約的意識，十二歲以後則能自己理財和完全參與成人社會的商業活動。

猶太父母這樣做

根據記帳結果增減零用錢，從小喚醒「量入為出」理財意識

猶太富豪的孩子不但沒有從小享受富裕生活，連零用錢也得來不易，甚至得付出勞力來賺錢。從小記帳的世界富豪洛克菲勒，財力遠非普通人家可比，但他對兒女的日常零用錢卻十分「吝嗇」，規定零用錢按照年齡發放：七八歲時每週〇・三美元，十一二歲時每週一美元，十二歲以上者每週兩美元，每週發放一次。

洛克菲勒還發給每個孩子一個小帳本，要求他們記清每筆支出的用途，下次領零用錢時要交給他審查。帳目列計清楚、用途正當的孩子，下週零用錢還可以遞增〇・五美元，反之則遞減。這種賞罰方式讓孩子從小就掌握記帳的本領，懂得用錢的藝術。

洛克菲勒真的很聰明，連發放小小的零用錢都用上科學管理的方法。反觀不少華人父母，雖然家庭條件一般，給零用錢時卻毫不吝嗇，而且對花用方式沒要求、沒指導，導致孩子覺得拿父母給的零用錢購買任何零食、玩具，都是理所當然的。

當然，洛克菲勒的這套管理方法是有隨時間及物價調整的。到了孫子輩，洛克菲勒對孫子約翰的零用錢管理有以下幾條細則：

❶約翰的零用錢起始標準為每週一・五美元。

❷每個週末核對帳目，若當週收支情況及格，下週零用錢就調漲〇・一美元。

❸至少二〇%的零用錢要用於儲蓄。
❹每項支出紀錄都必須清楚、準確。
❺未經爸媽同意，約翰不可以購買昂貴的商品。

這樣的財商教育是非常科學的，用這套規則給孩子零用錢，有助於孩子從小學會規畫自己的錢，學會理財。

猶太父母這樣做

確立用錢四規範，打造專屬小金庫

在以色列，不管是富豪家庭還是普通家庭，父母都會對孩子的零用錢設立使用規則和給予指導。以下四點，是根據我多年來在以色列的經歷和見聞，所歸納而出：

規範1 購物後和家長討論消費感受，建立合理消費觀

以色列的小朋友不會把所有零用錢都存入撲滿或銀行帳戶，而是拿出一部分來購買自己喜愛的零食、玩具或衣服，即我們平時所說的滿足願望和目標。但是**在購買之後，孩子會跟家長討論這項零用錢支出，比如這筆消費是否划算、合理、出於必要、孩子自己**

是否滿意、往後消費時可以借鑑哪些經驗教訓等。我覺得這個步驟非常重要，也是大部分華人父母最容易忽視的細節。如果在孩子消費後跟他進行建設性的討論，那就是日常生活中對孩子最好的財商訓練。

以色列孩子在零用錢花費上還有一點很值得借鑑。他們會為自己買很多書，這源於他們從小愛看書的習慣。以色列孩子花零用錢購買大量書籍和報刊來閱讀，即使是最節儉的猶太家庭也不例外。每到以色列的休息日，所有娛樂場所都會停止營業，甚至商店、餐廳也關門，唯獨書店還在營業。人們去書店看書、買書，或者在家裡看書，這樣的傳統讓以色列孩子養成愛看書的習慣，願意花零用錢去買書，而從書本上獲得的知識總有一天會轉化成財富。因為，智慧才是永恆的財富。

規範2 不過度花費，餘錢存入銀行滾利息

以色列孩子六歲就開始學賺錢，八歲懂得在銀行開戶存錢。他們替自己存錢的目的，就是為了將來需要錢的時候能派上用場，為未來做好保障。他們從小學會明智、科學地理財，而不是機械性地盲目花錢。這些孩子明白，如果未來想擁有更具價值的東西，現在就得放棄一些價值不高的事物。**如果過度消費，提前支付未來的錢，就得為自己的行為吞食惡果。**

規範3 用帳本審視支出，掌握個人理財強弱項

以色列的小朋友通常會記帳，在收支帳本上記錄每筆收入和支出。一段時間後，他們會拿出帳本研究哪些是主要支出，又有哪些花費是能避免或減少的。反覆經過這樣「審視支出」的過程後，孩子下次使用零用錢時就能更合理消費。

規範4 主動出擊，為自己賺取更多零用錢！

猶太父母認為要讓孩子親自體會賺錢的苦，才能享受花錢的甜。所以以色列的孩子五歲就懂得「錢是付出勞力後所獲得的報酬」，不會一味地向家長索取零用錢，而是盡可能靠自己的勞力來賺取。

猶太父母這樣想

讓孩子自己決定零用錢花在哪，才能真正學會理財之道

即使猶太孩子擁有自己的零用錢，在他們學會理智控制金錢之前，父母會指導他們如何花費。如果家長發現孩子亂買不需要或不划算的物品，就會與孩子商議其個人獨立帳戶必須保留的金額底線，然後一起制定短期儲蓄目標和消費目標。要是在這段期間，孩

子禁不起誘惑而打破約定、沒達成目標，就必須為自己不合理的開銷負責。這種親子討論與共同制定目標的好處，是從小就培養孩子「量入為出」的理財意識，在消費的同時，也考慮到自己未來的開銷和長期的規畫。

目前，很多中國孩子的最大問題是不知如何正確用錢，未成年人花錢「贊助」網路直播主的情形頻頻發生，有些父母因為怕孩子亂花就不給孩子零用錢了。**猶太父母則認為，剝奪孩子掌控錢的機會，反而容易讓孩子養成要花錢就伸手跟父母要、一有錢就趕快花光的習慣，缺乏對消費的規畫意識。**

其實，零用錢如果在父母的指導下使用得當，是可以讓孩子獲益匪淺的。

我的小女兒從小看我把家裡管理得井井有條，對如何經營一個家庭充滿好奇。於是，她用自己的零用錢買芭比娃娃。當她有了第一個芭比娃娃後，我用芭比娃娃教她希伯來語，讓她的學習興趣大增，希伯來語進步神速。

後來女兒陸續買了好幾個不同角色、不同功能的芭比娃娃，用娃娃的爸爸、媽媽、哥哥、妹妹等，組成一個大家庭。在她自己省錢買下的玩具中，我覺得芭比娃娃是影響她最深的玩具之一，養成她的家庭責任感和愛心，也讓她學會計算如何花最少的錢，讓自己的芭比娃娃大家庭更豐富。

女兒在家中選了一個角落，為芭比娃娃們布置一個舒適的「家」。她把這些娃娃當作孩子照顧，每天帶著一起遊戲，讀書給芭比娃娃聽，睡前還會給娃娃洗臉，再一排排放好，蓋上小被子，跟娃娃們一一道晚安。在「照顧」芭比娃娃的過程中，女兒的自理能力、自律性都大幅提升。

孩子的零用錢應該讓孩子自己掌控，做父母的不能「越俎代庖」代為管理。**當孩子想用自己的錢，買一樣父母不喜歡或者覺得沒用的東西時，父母別去強烈反對。因為那是孩子自己的錢，他們有決定權。**每個年齡段的孩子有自己不同的愛好，父母不喜歡的東西，說不定孩子非常喜歡，應該適度讓孩子感受花錢的樂趣。每個孩子都是獨立的個體，父母不能把自己的喜好強加在孩子身上。

在孩子的零用錢使用上，父母的定位應該是一個參謀，不替孩子決定，但可以給孩子意見和建議。唯有給予孩子充分的自主權，孩子才能在一次次的零用錢使用和反省過程中，逐步提升自己的理財能力，學會控制金錢的智慧。

猶太媽媽的財商金鑰

世界各國的孩子如何使用零用錢？

❶ **美國：**零用錢大多來自孩子幫父母或者他人做事的報酬。孩子要準備帳本，有規畫地使用自己的零用錢。有些家庭甚至會讓小朋友支付家中的電話費、車費以及部分家庭開支。

❷ **英國：**三分之一的孩子將零用錢存入銀行或者其他金融機構。

❸ **德國：**家長要求孩子所買的東西必須是安全的、確保無健康疑慮，至於具體如何用錢，基本上是放手讓孩子自己決定。

❹ **加拿大：**注重孩子在學校的社交能力，因此零用錢的一大用途是買禮物給同學。

❺ **日本：**根據日本萬代株式會社「中小學生零用錢意識調查」的問卷結果，不論是中學生還是小學生，最常見的三種零用錢消費項目都是「零食」、「文具」、「雜誌與漫畫」。兩成的中學生會花零用錢送朋友禮物，近三成的小學生跟兩成的中學生會把零用錢拿去儲蓄。

放大存款，從零錢滾出人生第一桶金

創造財富的要素是時間。再小的錢，經過長時間滾動就會變大錢，這些忍耐與磨練，為兒子的人生帶來巨大的精神和物質財富。小兒子輝輝常說：「感謝媽媽用『延遲滿足』的觀念來教我們，所以我們才有了人生第一桶金，為今後的發展奠定了基礎。」

現在有不少孩子很會花錢，但是不願意存錢，覺得存錢很辛苦，這都是父母的教育不當造成的錯誤觀念。

為什麼你的孩子不知道該存錢？很簡單，因為他沒有體驗過賺錢的不易，對錢的來去沒有感覺。零用錢是父母給的、壓歲錢是長輩給的，孩子根本不需要付出任何努力就能獲得對他們來說為數不少的金錢，根本無法體會錢財的來之不易。**如果孩子發現只要自己一開口，父母就會給他錢，也許他這輩子都很難形成正確的金錢觀。**

萬丈高樓平地起，最難的就是起步，做父母的要負責培養孩子從小存錢、珍惜錢的習慣。那麼到底該如何讓孩子習慣存錢呢？

猶太父母這樣做

開設兒童帳戶，開啟第一堂銀行理財實作課！

每年春節期間，孩子就會收到不少壓歲錢，這些錢該怎麼處理？父母應該沒收，還是讓孩子自由支配？每個家庭都有自己不同的做法。前面我們說過，父母不該去用孩子的錢，但是一定要給予指導。我覺得孩子的壓歲錢可以拿出一部分用於消費，另一部分則用於儲蓄。**鼓勵孩子存錢，會讓孩子從小懂得財富是累積起來的。**累積財富，你的財富才會愈來愈多，人才會變得富有，這正如祖先們從無到有、白手起家一樣。重視量的累積，才能有質的飛躍。

現在有不少銀行推出針對未成年人的「兒童帳戶」*，家長不妨效仿猶太父母的做法，幫孩子設立一個專屬於自己的銀行帳戶，讓孩子從小學會計畫性地聰明理財。父母到銀行辦理基礎的金融業務時，也可以帶著孩子一起，善用機會告訴他們為什麼要把錢存在銀行、活存與定存的存款利率為什麼不同、如何填寫存單和取款單、怎樣匯款等。這個過程，也有助於孩子累積更多財富知識。

如果孩子把壓歲錢存下來後，還有很想買的玩具，我們可以鼓勵他制定計畫，等待隔

＊在台灣，郵局與多家銀行也有提供二十歲以下的未成年子女「兒童帳戶」的服務，這類帳戶通常享有比一般活儲更優惠的活存利率，父母可以為孩子的帳戶設定交易保護額度，也能透過網路銀行掌握兒童帳戶的餘額、收入與支出等。

年拿到壓歲錢時再買，盡量不去動用已經存在銀行的壓歲錢。等到每年的存款累積到一定數目後，如果孩子對這筆錢有自己的想法，可以把計畫告知父母，討論後再決定是否動用這筆錢存款。

現在有不少人把所有積蓄都拿去投資買房，認為投資房地產能保值增值。然而幾乎所有猶太人都知道房地產的真諦——真正保值的不是房子，而是房子下面的土地。

很多人可能會說，現在貨幣一直貶值，房價一直攀升，**但我始終認為要留一部分現金存在銀行，因為當你急需用錢時，房子沒辦法迅速賣掉換成錢，但你的銀行存款可以很快就領出來周轉**。現金在一定程度上還是有其存在價值的，所以不必一直給孩子灌輸買房的觀念，因為房子是不動產，不動產變成流動資金需要等待一段過程，還會受到一些其他因素的影響。

猶太父母
這樣做

用「延遲滿足」讓孩子習慣等待，見證「小錢滾大錢」的榮耀過程

有些家長可能會說，孩子不願意把錢存起來，是因為錢存在銀行看不見、摸不著，還不如買東西更能讓自己開心。

其實，唯有讓孩子先體驗賺錢，他才會願意存錢。我兒子的第一桶金，就是從小錢一點點積少成多的。他們體驗過如何把一個個硬幣、一張張鈔票收進自己口袋，也因為懂

得錢財來之不易，所以他們不會嫌棄錢髒或者錢舊，而是珍惜錢，不會隨意亂花，而且會想辦法存錢。

大兒子有個人收入後，會買禮物給家人，有段時間也曾肆無忌憚地追求名牌。我沒有嚴厲指責他花大錢買名牌，而是在看似無意間與他聊起我們之前的艱苦生活，也會在聊天時，提到一些奢侈行為導致生活不幸的故事。我的兒子沒讓我失望，他領會了我的意思，之後買東西前都會再三思考，確定有必要才購買。

我讓孩子們從「延遲滿足」的理念中，了解財富流轉的規則：起先是在工作中體會到回報與付出成比例，接下來是節儉與存錢才能開始致富。我告訴兒子：「把買名牌的那些錢存下來，等到你想投資的那天，存摺一打開，你就有足夠的資本！」

這些忍耐與磨練，為兒子的人生帶來巨大的精神和物質財富，幫助兒子的財富從小河川成為一片大海。我想這也是兒子成為鑽石商CEO的致富祕訣吧。

小兒子輝輝常說：「我要謝謝我的媽媽，她用『延遲滿足』的觀念來教我們，讓我們把不該花的錢儲蓄起來，所以我們才有了人生第一桶金，為今後發展奠定基礎。」

創造財富的要素是時間。再小的錢，只要經過長時間的連續滾動，就會變成大錢。**既然存錢是個漫長的過程，就要培養孩子的耐心，讓他們習慣「延遲滿足」**。這個道理很簡單：不賺錢就沒錢可存，不存錢就不會有大筆的錢做投資；沒有錢、不存錢，怎麼能成為富豪呢？

三百六十行，行行出狀元。在現代社會，各行各業皆可賺錢，但是賺多少不代表結果，存多少才決定貧富。一個很會賺錢的人，如果不會存錢，也會成為窮人。縱觀歷史，有許多曾經富可敵國、日進斗金的富豪，因為肆無忌憚地揮霍，沒有存錢或理財，最終窮困潦倒。相反地，即使投入不是很賺錢的職業，但是只要讓存款積少成多，就算無法成為富豪，至少也不會陷入窮困。

猶太媽媽的財商金鑰

開設兒童帳戶的五大注意事項

❶ 開戶前，先讓孩子了解儲蓄的意義，解說存款利息、基金等相關知識。
❷ 了解各家金融單位的兒童帳戶規則和優惠，讓孩子自己選擇去哪家開戶。
❸ 帶著孩子一起去開設他的個人帳戶，讓孩子自己和行員交流，家長只是在一旁輔佐。
❹ 家長不能輕易動用孩子銀行帳戶裡的錢。
❺ 和孩子約定好帳戶的使用條件。

「5W法」辨識真正需求，建造合理消費觀

合理的金錢觀絕不是壓抑自己和孩子什麼都不要買，但父母要幫助孩子學會區分「想要」和「需要」。「5W法」不僅僅對孩子有用，對大人也同樣適用。買東西前先考慮這五個問題，就能避免很多不必要的消費。

你曾在「六一八」、「雙十一」的活動中瘋狂搶購嗎？買得多真的就占便宜了嗎？事後，你有沒有實際算過這樣買是否值得呢？

我很少參與這種搶購，因為不管是「六一八」、「雙十一」，還是其他促銷活動，都是商人吸引顧客的一種手段。一旦顧客陷入這種瘋狂搶購的氛圍，就會忍不住多買。可是消費者務必記得，沒有哪個商家願意虧錢販售，消費者再精明還是很難贏過商人。

那麼多人之所以抵制不住低價誘惑，大肆購物，就是因為他們沒有足夠的財商頭腦、理性的消費觀，所以很容易被煽動。**真正有財商頭腦的人，不會為了一點優惠，買一堆自己不需要或者可有可無的東西，他們會根據需求購物，而不是根據價格。**

現在的物質享受愈來愈豐富了，商家為了吸引消費者，花樣也愈來愈多，連大人都很難克制自己的購買欲，孩子就更別說了。如果不想讓孩子花錢無度，父母就要以身作則，

並且從小引導孩子，培養他們理性的消費觀。

猶太父母這樣做

先列願望清單，再用「5W法」規畫「零浪費購物攻略」

我曾經多次在商場的玩具區看到小孩被某個玩具吸引，父母不買就大哭大喊、無理取鬧的情況。有些父母覺得，大庭廣眾下，孩子這樣哭鬧會害自己丟臉，就趕快買玩具讓孩子住口；有些父母會跟孩子講道理，不過通常沒什麼效果，因為哭鬧中的孩子是聽不進道理的；甚至，還有些父母會強行把孩子帶走。

其實孩子看到玩具就想買，是很正常的現象。畢竟看到新奇的東西，孩子總想嘗試一下。但如果讓孩子看到什麼都買，會造成不知節制的消費惡習，更何況孩子的新奇感很快就會褪去，買回去的新玩具說不定沒玩幾次就不喜歡了，然後又看上新玩具，父母不可能全部滿足。那麼，要怎樣做才能避免孩子為了買玩具，而在公共場合哭鬧呢？

爸媽在逛商場或超市前，可以與孩子溝通並列好購物清單，這樣就能有計畫地購物，也可以提前和孩子做出「一次只買一個玩具」的約定。若是商品價格不高，不妨作為一個獎勵，跟孩子說：只要今天在購物過程中都有乖乖的，就可以買回家；若商品價格超出預算，可以和孩子溝通，列入願望清單。

在我們家，我給孫女準備了一個小帳本，記錄她收到的錢以及每一筆支出，上頭還列出她的願望清單。如果她有喜歡的東西想買，我不會馬上滿足她，而是讓她列在自己的願望清單。等到孫女生日的時候，我會讓她從願望清單裡選一樣，作為禮物送給她。

為什麼要讓孩子列出自己的「願望清單」呢？因為孩子的欲望很多時候只是一時衝動，現在喜歡，過一陣子可能就不愛了。孫女的願望清單裡，就有不少她自己塗掉、覺得不再想要的物品。

對於孩子來說，要做到延遲滿足並不容易，畢竟誘惑就在眼前，不過聰明的父母在這種時候可以試著轉移孩子的注意力。一般來說，孩子的專注力比較短暫，很容易被新奇事物吸引，這也是導致他們想購物的原因。不過，父母也可以反過來利用這點，帶孩子看一些新奇有趣的東西，讓孩子忘記購物這件事。在這裡要提醒家長，當孩子執著於某件想要的東西時，盡量別在現場搬出道理勸服孩子，因為在這個時機講道理，經常會適得其反。比較明智的做法，是轉移孩子的注意力，回家後再討論做出合理決定。

合理的金錢觀，絕不是壓抑自己和孩子什麼都不要買，但父母要幫孩子學會區分「想要」和「需要」。「需要」是相對理性的，若是欠缺某物（比如空氣、食物）我們就無法生存，那就是「需要」。「想要」則更偏向一種衝動的想法，是被某個物品吸引後的直接反應，但是沒有這樣物品我們也可以活下去，比如玩具、糖果。這種「想要」並不一定禁得起推敲，也許多想幾次就「不想要」了。

錢是有限的，我們首先要買「需要」的東西，才能買「想要」的東西。並非所有「想要」

的東西都是「需要」的，父母要引導孩子分清楚「想要」還是「需要」，學會抑制衝動消費。

那麼該如何引導孩子分辨呢？在此跟大家介紹「5W法」：

❶ **What**，首先，想清楚：想要買的是**什麼**、這個東西有什麼用途？

❷ **Why**，**為什麼**想買這個東西、為什麼需要這個東西？

❸ **Where**，去**哪裡**買、哪裡的價格更優惠？

❹ **When**，**什麼時候**買，是急用還是可以等等再買？

❺ **Who**，**誰**去買，或者說**和誰**一起去買？

這個「5W法」不僅對孩子有效，對大人也同樣適用。買東西前先考慮這五個問題，就能避免很多不必要的消費。

猶太父母 **這樣做**

傾聽內心真正的需求，磨練識破商家圈套的「火眼金睛」

不少孩子花錢大手大腳，一方面是不知道賺錢的辛苦，另一方面是攀比心在作祟，擔心在同學和朋友面前丟臉，於是拿著父母的辛苦錢在別人面前炫耀。

某次孫女穿了一條新裙子，開心地問我：「阿婆，我這條裙子漂亮嗎？是限量款喔！我們班只有三個同學買到，其他人都很羨慕我們呢。」

我當時就給她潑冷水了：「孩子，你因為買到一條昂貴的裙子而被人羨慕，可不是什麼值得誇耀的事，因為一來別人有錢也能買到，二來這是父母的辛苦錢，不是你自己賺的。只有你的知識和智慧才是自己的，如果你因為這些東西受人欣羨，那才是真的值得羨慕。」

孫女被我說得有點不好意思，當下沒說什麼，一個月後突然跟我說：「阿婆，我這次考了全班第一，老師誇獎我，我好開心。我想通上次你跟我說的話了，花那麼多錢買一條裙子的確不划算。最近同學都去搶購限量款鞋子，我沒跟風。一下這個限量款、一下那個限量款，怎麼可能追得完！」聽完後，我大大地稱讚了孫女。

現在孩子互相比較的現象很嚴重，但是孩子的攀比行為，本質上是受到家長影響，甚至是縱容的結果。要培養孩子理性的消費觀，父母先要以身作則。隨著人們生活品質普遍提高，父母捨得為孩子花錢，不少孩子都穿名牌衣服，全身上下穿戴價格加起來動輒上萬元；過生日也講究排場，包餐廳、請專業人員策畫，殊不知這樣其實是害了孩子。如果孩子從小在這樣的揮霍環境下長大，在自己還不會賺錢的時候就先學會了享受，怎麼能夠理性消費呢？

除了阻止孩子無謂的攀比競爭，家長還可以試著讓孩子當「小管家」，幫助孩子建立有計畫的消費觀念，讓孩子明白每一分錢都有它的用途，而不是用來攀比與浪費的。

現在不少商家為了增加銷售，設置了一些「圈套」。如果消費者不清楚自己真正的需求，就容易落入圈套。我們要勤於思考，善於分辨，才能識破這些陷阱。限量款其實就是商家的圈套之一，利用「物以稀為貴」來激起人們的購買欲。我很高興孫女能看穿商家的手法，沒有一直追求所謂的「限量款」。

「儲值型會員卡」也是另一種常見的圈套。相信很多人在髮廊、美容院、健身房等地方辦過這類卡片，而且有些人會一次性儲值上萬元，因為儲值金額愈大，折扣幅度也愈高。我去理髮時也遇到過這種情況，理髮師跟我聊天，最終目的也是讓我辦卡。如果這次不辦卡，下次去，他們還會不厭其煩地勸說。有一次我問理髮師：「你們老闆把這些錢拿去做什麼了？」他說：「沒有，我們只是想留住客人。」我說：「你錯了，來這裡理髮的人，如果喜歡你的手藝，就算不辦卡也會繼續來。留住客人最好的方式，就是提供讓他們滿意的服務。讓客人辦卡，把收集起來的錢拿去做其他投資，萬一投資失敗，反而會影響理髮店的生存。」

同意辦卡的人，首先是被打折吸引；一旦被打折吸引，其實你就被套住了。顧客不知道這家店能開多久，事實上，這答案連店家自己也不知道。**但凡有一點財商頭腦的人就會去思考：這個打折是建立在什麼基礎上？**比如做一次頭髮要五百元，你辦了一萬元的儲值卡，商家就給你打對折，這聽起來非常誘人。但是店家把辦卡收到的錢拿去做其他投資，一旦投資失敗，又沒有新客戶辦卡的話，這家店大概連員工薪資都付不出來了。因為已經辦卡的客戶消費的都是之前付過的錢，在他們卡裡的儲值金用完前，消費是不需要再花錢的。

我不是反對辦卡，而是說辦卡須謹慎。辦卡有弊有利，具體如何抉擇，需要自己判斷。你辦了卡，消費時可以打對折，可是萬一店家倒閉了，放在卡裡的錢拿不回來，你能接受嗎？

我個人不喜歡辦卡，每次理髮都直接付錢。因為我算過，我大概一個半月理一次髮，一年共理八次頭髮。當我把一萬元放在店家那裡時，我心中多了一分擔憂。如果我每理一次頭髮花費兩百五十元（會員打對折的優惠價），我得花五年才能用完卡裡的一萬元，但我能保證在這五年期間，這家店不會發生意外嗎？而且我有必要預先支付幾十次理髮的錢嗎？

喜歡讓顧客儲值消費的商家很多，孩子的教育培訓機構也是其中之一。中國曾有一些知名的培訓機構突然關門，引起了軒然大波。在辦會員卡與儲值之前，請大家好好想一想：是否需要為了所謂的折扣，一次投入那麼多錢？

只有自己保持理性的消費頭腦，能夠分得清什麼才是自己需要的，控制住衝動的消費欲望，才不至於在物欲橫流的社會中迷失自我。

猶太媽媽的財商金鑰

兒童消費心理的五項特點

1. 兒童購物的目的性並不強，多數是隨機的、盲目的。
2. 消費動機常受他人影響，比較心和炫耀心是促使兒童購物的要素之一。
3. 很容易喜新厭舊，欲望很難持久。
4. 很容易被廣告吸引，包括電視廣告和廣告看板。
5. 色彩鮮豔的包裝和附贈的小禮物，會助長兒童的購買欲望。

先苦後甘，放大幸福感的性價比

猶太父母要孩子從小就懂得：每個人的享樂是有限的，花出一塊錢，就要讓一塊錢發揮百分之百的效用，即使手中的錢再多，也不買不必要、不適合自己的東西。若想滿足更加奢侈的願望，就必須依靠自己的努力。

一般人都認為，猶太富二代銜著金湯匙出生，必定從小過著錦衣玉食的優渥生活。但事實上，這些白手起家、有著膾炙人口創業故事的猶太富翁，為了讓下一代謹記「萬丈高樓平地起」，堅決不讓小孩過上養尊處優的日子。因為他們明白，如果不加以預防，「豪門」容易出敗子。為此，他們想出很多辦法，**杜絕孩子過早的享受**。

有一次，我在特拉維夫市中心醫院看牙，正好碰到女兒同學的爸爸也帶著孩子在大廳等候。過了一會兒，女孩鬧著要喝飲料，可是那位父親沒有答應，而是從身旁的自動販賣機上順手拿了個免費紙杯，接了一杯免費的飲用水遞到孩子手裡。當然，那位父親並不是買不到飲料，自動販賣機正以一元一杯的普通價格供應可口可樂和果汁；那麼，是因為這位父親很窮嗎？恰恰相反，他在市中心經營一家收益不錯的體育用品公司，經濟條件很好。到底這位父親為什麼不買飲料？答案是：他認為免費的普通白開水就能解渴，所以沒必要花錢。

猶太父母這樣做

培養孩子對財富的敬畏心，讓每分錢發揮百分百效用

不能從小給孩子過高的物質享受，以免養成揮霍無度的壞習慣。這個爸爸的觀念，代表了大多數猶太父母的想法。但在很多華人父母看來，這卻是無法想像的事：「才一杯飲料而已，竟然不滿足孩子，而是去取免費飲用水來喝，會不會太嚴格了？」

猶太人不會這樣想。他們認為人的欲望無限，能滿足的只有極少數，剩下許多欲望永遠無法獲得滿足。因此，**猶太父母要孩子從小就懂得：每個人的享樂是有限的，花出一塊錢，就要讓一塊錢發揮百分之百的效用。即使手中的錢再多，也不買不必要、不適合自己的東西。**而且，若想滿足更奢侈的願望、獲得更優越的生活條件，必須依靠自己的努力，不能藉由他人的手。

這位父親給我的啟示是：愈富有，愈要堅持節儉的習慣。節儉未必致富，不節儉一定無法翻身。我特別調查過，發現很多身家破億的富豪都過著節儉的生活。因為在他們眼中，**節儉不代表沒錢，而是一種敬畏和勇敢——對財富的敬畏，對自己內心的勇敢。**

回想我們剛到以色列的時候，也是孩子們最痛苦的時候。從在上海的舒適生活，變成在以色列的艱難生存，孩子們一時無法適應。現實迫使我由「富養」孩子變為「窮養」孩

子：從垃圾桶上撿衣服回來穿、取剩食回家吃……但這些都是寶貴的經驗。現在回想起來，**其實「窮養」也是猶太人財商教育的一部分，他們有錢但也很節省，對孩子尤其如此。猶太人秉承著「再富，也不能讓孩子過度享受」的原則，把節儉的習慣當成「傳家寶」給下一代。**不可否認，由儉入奢易，由奢入儉難！我們入境問俗，孩子們讓我看到他們克服困境的能力：由奢入儉，他們做到了。

當然，孩子們能夠接受擺在垃圾桶上的衣服和食物，和以色列當地習俗密切相關，所以身處其中的我們也不會覺得不好意思。同時，家長的態度也非常重要，千萬不要跟孩子說「我們家很窮啊、沒錢啊」之類的話。當時，我藉機向孩子們灌輸了「敬畏萬物」的觀念——對大自然中的萬物都要心懷敬畏。**不管是放在垃圾桶上的衣服和食物，還是擺在店裡賣的衣服和食物，它們的作用是一樣的，只是得來的途徑不同，沒必要因此而自卑，覺得在同學面前抬不起頭。只要是堂堂正正得來的東西，都是值得尊重的。**所以，我的孩子能昂首挺胸穿上被人擺在垃圾桶上的衣服，在我們生活條件好轉後，還會提醒我把家裡閒置的衣服洗乾淨疊好放到垃圾桶上，給其他需要的人。

猶太父母這樣做

家境富有，更要窮養孩子！

——用儉樸生活磨練韌性，為孩子穿上最強盔甲

有些家長可能會說，你那個時候是因為家裡經濟狀況不好，所以才讓孩子吃苦，讓他們穿別人不要的衣服。現在生活條件好了，還有必要讓孩子節儉度日嗎？

我說：當然有必要啊！猶太家長不管家境如何，都秉持節儉的原則，讓孩子從小養成勤儉節約的好習慣，砥礪孩子的意志。

在以色列的漫長生活中，我教育我的孩子勤勞、節儉、儉樸。這些詞在我的童年及教養子女時經常會用，但是到了現代，再講艱苦儉樸，孩子是沒有辦法理解的，因為當今社會的物質資源非常豐富，已不是當年那個計畫經濟年代*所能比擬的了。那要怎樣才能讓孩子能上能下，能屈能伸，這確實是一個關卡，但也是個轉機。在以色列生活的那段時間，我利用一切條件改善生活，保持積極樂觀。最重要的是，我培養孩子們隨遇而安、抗擊各種壓力的能耐，讓他們從容面對生活中的各種磨難、挫折甚至失敗。現在回想起來，我很感謝那段艱苦的歲月，如果不曾克服這些難關，現在我的三個孩子也許不會有如此成就。我相信，用微笑面對苦難，最後，苦難也將用微笑回報你！

當我們在特拉維夫的中餐館生意興隆後，也有朋友說，依你們家當時的經濟狀況，何必還這麼省？我卻認為，正因為家境好轉了，如果家教理念跟不上的話，一不留神反而

會害了孩子。**如果我做一個全盤滿足孩子欲望的媽媽，養成他們只會索取、不懂感恩、不懂珍惜的毛病，即使孩子認為我是天底下最愛他的媽媽，那也是我教育的失敗，是對孩子未來不負責任的做法。**

當前不少家長在物質上對孩子超量滿足，沒條件也要打腫臉充胖子來滿足孩子，讓孩子不知珍惜物品，更別說節儉了。養成節儉的習慣，應該由父母做起。當節儉成為一種習慣，會讓人受益終身。

即使是家境富裕的猶太人，也都過著儉樸的生活。這不是個例，是普遍現象。

在我身邊，就有很多這樣的例子。從小城謝莫納鎮搬家到特拉維夫時，我先在一個朋友家落腳，他算是特拉維夫的富人了，獨立經營一家報社，事業很成功。寄住在他們家的那一週裡，我感觸很深，這樣一個有著兩個孩子的父親，對慈善事業慷慨解囊，對貧困孩子非常憐惜，但是，他對自己的孩子卻一點也不心疼。當時正逢暑假，特拉維夫的太陽晒得人發昏。令人想不到的是，在這炎炎烈日下，他的兩個孩子還要騎著自行車挨家挨戶去送報紙。家裡有個開報社的爸爸，十幾歲的兒子還要頂著風吹日晒送報紙，這實在很難想像。不僅送報紙，他的兩個兒子下午還要去售賣點負責叫賣零售，即使遇到翻完報紙卻不購買的顧客，也要笑臉相對。忙完一天，孩子們傍晚才能趕回家，小臉蛋

＊約為西元一九五二年至一九七六年，中國人民能獲取的物資多是由國家分配，而非透過正常的市場交易機制。

晒得又黑又亮，不過他們看起來過得很充實。看著孩子興致勃勃地完成任務，這位擔任報社社長的父親感到很自豪：「要送這麼多報紙並不容易，很早就得起床，無論颳風下雨都要去送，可是這兩個孩子從來沒有懈怠過。**孩子總有一天要去更廣闊的天地闖蕩，為了他們將來能應對挫折，一定要培養他們適應環境的能力。**」

有錢卻依然節儉，這是很多富豪的生活狀態。

全球零售業龍頭沃爾瑪（Walmart）的集團創始人山姆・沃爾頓（Samuel Moore Walton），在他成了億萬富翁以後仍不改節儉本質。他曾居全美富豪排行榜首位，但經常戴著一頂棒球帽，穿著自己商店出售的廉價服裝，開著破舊不堪的小貨運卡車上下班進出小鎮，車後還裝著關獵犬的籠子，看起來完全是個「鄉巴佬」。而且他每次理髮都只花當地理髮的最低價錢——五美元，可是若你就此認定山姆是個一毛不拔的老頭子，那就大錯特錯了。他曾經向美國五所大學捐出數億美元，並在美國各地設立很多獎學金，他只是對自己和家人節儉。山姆的幾個在公司任職的兒子也都繼承了父親的節儉習慣，總裁辦公室只有六坪，公司董事會主席辦公室也才將近四坪，所以很多人把沃爾瑪形容成「『窮人』開店窮人買」。

另一個有名的案例就是「股神」巴菲特，不管他的財富多豐厚，他一直住在他數年前買的那棟儉樸房子裡，開的也不是名車。

還有全球知名的宜家家居（IKEA）公司創始人英格瓦・坎普拉（Feodor Ingvar Kamprad），

由賣火柴起家，還賣過魚、聖誕樹裝飾、種子、原子筆和鉛筆等，曾經有一年成為全球首富，但他開的也是一台舊車，若不告訴你，沒人看得出他是個富豪。

這些富豪都有著花不完的錢，但他們還是過得這麼節省。可是正因為他們節省，所以才可能成為富豪啊！反觀那些「土豪」，之所以會炫富，是因為他們還擁有一顆窮人的腦袋。

真正的富豪是低調又節儉的，他們把錢花在最有價值的地方上，這才是真正的富豪心態。他們懂得賺錢的不易，花錢的簡單。他們沒有鬆懈，時刻保持節儉。這些大富豪歷經了時代的考驗，經過了經濟大蕭條跟金融風暴都能生存下來，而且維持財富的累積，就是因為他們沒有在賺大錢的時候亂花錢。

猶太媽媽的財商金鑰

世界級富豪的超儉樸生活

美國曾經有家研究機構對六百多名美國富豪進行調查，發現節儉是這些富豪的共同點。不只是美國，世界上很多富豪都過著節儉的生活。

❶「股神」巴菲特日常生活花費不多，從不買奢侈品，沒有多間房子，汽車也是很普通的。

❷ 臉書創始人祖克柏（Mark Elliot Zuckerberg）愛穿簡單的T恤、連帽衫、牛仔褲，開的也不是名車。

❸ Google公司創始人之一謝爾蓋·布林（Sergey Mikhaylovich Brin）不喜歡盤子裡有食物剩餘，常去會員制量販店購物。

❹ 宜家創始人英格瓦·坎普拉搭飛機總是坐經濟艙，平日也都是搭公車。

刻意製造困境，從磨練中累積生命的財富

父母的溺愛和過度保護，最容易消磨孩子的勇氣。
不管是富人家庭還是窮人家庭，
猶太父母都會有意識地「創造」一些艱苦的環境，
目的都是讓孩子不落入「超量滿足」、「超前滿足」的甜蜜陷阱。

因緣際會下，我的孩子們先在上海被富養，後來到以色列被窮養，讓他們有幸在成年前經歷困境教育*。他們能在困境的磨難中成材，源於我採取以下這種猶太教養法：

❶ 讓孩子做些力所能及的家務。
❷ 採納孩子合理的要求，修改甚至拒絕孩子不合理的要求。
❸ 孩子有錯的時候，放棄責怪孩子就是放棄教育的機會。
❹ 沒有孩子是天生完美的，完美的孩子是在完美的教養方式下產生的。
❺ 只是成績好的孩子，將來未必成就高。
❻ 讓孩子從小體驗困境。

* 讓孩子從小學會吃苦，提高孩子的毅力、耐力和承受力，也就是生存能力。

❼ 孩子遇到困難時，家長不妨先讓他嘗試自己解決。

❽ 從孩子第一次用哭鬧行為來要脅時，就不能遷就他，否則會變本加厲。

❾ 孩子是最棒的，但這一點要放在心裡。不要頻繁、隨意地讚美與表揚孩子，否則孩子習慣被表揚之後，若少了誇讚就會失去前進的動力。

猶太父母
這樣想

不為孩子衝鋒在前，才能激發挺身而出、探索外界的勇氣

困境教育，真正實施起來可真不容易。我的兩個兒子在成長過程中，一開始家裡的經濟條件不是很好，所以他們比較能體會媽媽的辛勞。我教給孩子們的生存教育和理財教育中，更讓他們很早就懂得運用自己的智慧和勞力，幫助媽媽分擔家庭責任。但在小女兒的成長過程中，家裡已經過上了比較富裕的生活，所以要讓她體驗困境教育時，就讓我倍感糾結與矛盾了。但是在認真研究了猶太人的教育法之後，我還是決定「狠心」對待女兒，沒有對她有求必應。她的要求如果是合理的，我會幫她；如果是不合理、不必要的，我會拒絕。雖然當時我們家的生活條件已經好轉，但我還是希望我的女兒有能力面對艱苦的環境。這也是我從猶太父母那裡學來的。

猶太父母認為，智慧的父母懂得適當拒絕孩子，不會事事都滿足孩子。父母愛孩子的心意是永恆的，但是，這種愛的品質有沒有考核標準？猶太父母對這個難題給出了一個

明確的答案──高品質的父母之愛，就是要讓孩子終身受益的愛，加入適當的狠心是必要的。拒絕孩子的無理要求，讓孩子體驗困境，也是愛孩子的一種表現。從小在父母的精心呵護中長大的孩子，在獨自走向社會後，往往會不適應，就像溫室裡的花朵禁受不住外面的風吹雨打。為了孩子的長遠發展，在孩子小的時候，做父母的還是要讓他們適度體驗困境。

父母的溺愛和過度保護，最容易消磨孩子的勇氣。若希望孩子跌倒了還能自己爬起來重新開始，就要讓他自己面對挫折，在挫折中成長。父母該做的，不是站在孩子的前面為他擋風遮雨，而是做孩子的軍師和精神支柱。如果你的孩子眼高手低、動手能力弱、依賴性強、缺少自主性、不明白勞動成果的來之不易、不理解父母的辛苦、沒有同情心……那麼他需要的就是「困境教育」。父母要想辦法讓孩子體驗艱苦！

猶太父母這樣做

適當不滿足，協助孩子克制欲望

回想一九九三年，我們家還沒有電鍋，有一個週末，突然發現家裡瓦斯爐的火點不起來。在以色列，週末商店都不開門的，什麼東西都買不到，所以那天全家人只好吃冰箱裡冰冷的食物，這次的經歷讓大家體會到了熱食的可貴。只有親身體驗過，人才會知道平時習以為常的東西都是來之不易的。

就拿去餐廳用餐這件小事來說吧，如果孩子在家做過菜，就會珍惜去餐廳吃飯的機會。美食的確是一種享受，但家長應該讓孩子切身感受到：要享受美食，就需要付出勞力。讓孩子體驗勞動，先拿錢去買食材，再自己親手加工，經過幾道工序才能變成可入口的食物。正所謂「吃苦在前，享受在後」，若習慣飯來張口，孩子就無法感受到「享受必須靠辛苦才能換來」，而是認為「只要跟服務生點個菜名，美食就會自動送上來。任何享受都只需索取，不需要付出艱辛的努力」，這對於孩子的成長是十分有害的。

如果孩子要什麼就給什麼，很可能養出未來的啃老族；但是如果要什麼都得不到，孩子的心裡也會留下陰影。我覺得正確的做法是**在沒有需要的時候盡量不給，而若是有需要的話，就讓孩子付出自己的努力來獲得滿足**，這一點家長一定要把握好尺度。

很多家長會問，現在生活條件好了，還有必要讓孩子吃苦嗎？我的答案是有必要的，沒有苦，也要創造艱苦條件讓孩子體驗。要知道，孩子長大進入社會後，是不可能一帆風順的，總會有些小挫折、小磨難，如果從小泡在蜜罐裡、長在溫室裡，一旦遇到小挫折，孩子將會不知所措。所以，父母要給孩子體驗苦難的機會。

在「創造艱苦環境讓孩子體驗」這一點，我對以色列的父母佩服得五體投地。不少華人父母慣於把孩子捧在手心，孩子吃一點苦、受一點挫折都讓父母心疼，一家人把孩子當小皇帝一樣養著。在去以色列之前，我也是這樣的母親，秉著「再苦不能苦孩子」的原則，雖然家庭條件一般，卻連一丁點苦都不讓孩子嘗到。到了以色列，看到不管是富人家庭還是窮人家庭，猶太父母都會有意識地「創造」一些艱苦的環境，苦心孤詣模擬拮据的家庭情境，或者送孩子去一些特別的學校吃苦，目的都是讓孩子不落入「超量滿足」、「超前滿足」的甜蜜陷阱中，讓孩子明白什麼是苦難，進而磨練孩子的意志，去除孩子的嬌氣。我當時真的太震驚了。

猶太人把這種教育方式稱為「類比家境」，沒有條件也要創造條件讓孩子體驗吃苦，因為他們不想讓孩子變成「假貴族」。猶太人從小接受「困境教育」，認為磨難可以轉化為生命的財富。實際上，猶太人經歷了那麼多苦難依然能創造大量財富，也是「困境教育」的奏效。從小體驗過艱苦，就不會輕易被苦難打倒。

在孩子遇到挫折時，父母不能越俎代庖去介入，但也不要走入另一個極端，對孩子不聞不問，讓他孤孤單單一個人面對苦難。這個時候要讓孩子知道，不管發生什麼事，父母都在這裡，在需要的時候，父母還可以給予適當的意見和建議。我們一定要給孩子勇氣，讓他敢於面對挫折。要知道，挫折並不可怕，可怕的是失去了面對挫折的勇氣！

縱觀猶太歷史，就可以了解到猶太民族是個飽經苦難、命運多舛的民族。猶太人經歷過慘絕人寰的大屠殺，經歷過四處流浪、東躲西藏的歲月，但是，猶太人沒有絕望，沒有灰心，在苦難中尋找生機，頑強生存下來，並且在艱苦的環境中也不放棄對生活中美好事物的追求，練就了堅忍不拔的性格。經歷過這些困境後，猶太人已經不怕任何苦難了。為了生存，他們吃盡了苦頭、想盡了辦法，因此只要有一點機會，他們就能敏銳地抓住，然後像火山爆發一樣，做出讓世人羨慕的成就。

財富之路也是崎嶇不平的，不可能一帆風順，如果孩子沒有對抗打擊的能力，很難堅持到最後。作為一個合格的家長，要創造條件讓孩子知道幸福生活與錢財都是來之不易，孩子才會合理利用金錢，既能抵禦浮華的誘惑，又能禁受困境的考驗。

猶太媽媽的財商金鑰

給孩子的基礎記帳指南

為了建立孩子的理財意識，建議家長為孩子準備個人帳本，搭配以下原則記錄自己的收入、支出和結餘。若紀錄清晰、金錢用途正當的話，請記得鼓勵孩子喔！

☑「收入欄」標注錢財的來源，比如是父母、長輩給的，還是靠自己的勞力賺取，讓孩子知道自己的錢從何而來。

☑「支出欄」標注清楚消費的具體細節，讓孩子了解自己金錢的去向，省思哪些錢應該花，哪些錢可以省。

☑「結餘欄」要及時記錄，盡量確保自己的戶頭或手邊隨時有可支配的餘額。

☑在使用金錢前先編列預算，看看自己是否能負擔想要的東西的價格，如果買了自己還會剩多少錢。

日期	項目	收入	支出	結餘	備註
1/1	零用錢	500		500	10月零用錢
1/5	早餐		45	455	
1/13	立可帶		65	390	便利商店比文具店($36)貴!
1/19	壓歲錢	6,000		6,390	爸媽、爺爺奶奶給我的
1/23	漫畫		160	6,230	「推理系列」(第10集)
1/30	存款	5,000		1,230	存入郵局

儲蓄目標（已存／目標）

・4月和同學去遊樂園玩 (1,200 / 2,000)
・5月買新專輯 (260 / 570)

本月心得

1.便利商店的文具好貴，而且不能單買補充帶。如果平常鉛筆盒裡有準備就不用臨時多花錢了!
2.因為升國中了，今年壓歲錢比去年多1,000，好開心!

延遲滿足，讓孩子在節約消費中找到平衡

一個精神富足的孩子，長大後才能遊刃有餘地面對金錢、面對生活。那麼如何才能在節約和消費之間找到平衡點呢？「延遲滿足」是猶太家庭教育的重要手段之一，也是財商教育的重要成分。坦白說，我們家就是由「延遲滿足」開始，讓孩子們真正學會理財的。

有些父母聽到我提倡節儉，就馬上限制孩子的消費，這個不能買，那也不准買，就怕購物會讓孩子養成肆意揮霍的習慣。這種做法明顯是矯枉過正了。**提倡節儉並不是讓大家不要消費，而是不要過度消費。讓孩子學會選擇，有所取捨，在節約和消費之間找到平衡點。**

為生活品質注入愛，對值得的東西要捨得花、懂得花

從小被限制消費的孩子，長大後的財商也不會高。我曾經見過有些媽媽不想買玩具給孩子，就跟孩子說：「你就想著買買買，你知道我們賺錢有多辛苦嗎？不能老是亂花錢。」但是，**父母不該總是在孩子面前「哭窮」，因為這樣的態度容易造成孩子對消費的恐懼，**

培養出吝嗇的孩子。

如果父母一直給孩子灌輸很缺錢的觀念，有可能孩子長大後不管賺多少錢，心裡依然覺得自己很缺錢、很匱乏，導致不敢花錢。我身邊也有這樣的朋友，雖然現在自己有錢了，但小時候父母「哭窮」的烙印還在，所以不敢享受好一點的生活；還有些朋友，因為小時候父母「哭窮」，物質欲望一直沒獲得滿足，於是在自己賺錢以後，開始報復性消費，不管是不是真的需要這東西都大肆購買，導致薪水月月花光，還過度透支信用額度。追根究柢，這都是父母不當的教育造成的，所以我一直呼籲，父母要給孩子好的財商教育，這直接影響著孩子今後處理金錢的態度。

如果你想培養出寵辱不驚、不卑不亢的孩子，就要記得，不管當下是貧窮還是富有，家裡的生活品質都不能低。**好的生活品質，不一定要花很多錢買昂貴的東西，最需要的是父母的用心和父母的態度，讓孩子時刻感受到愛，讓內心富足。**

在缺衣少食的移民生活初期，我也在不斷想辦法維持家裡的生活品質。沒錢買裝飾品，我就讓孩子們自己畫畫，把他們的畫貼在牆上當裝飾；沒錢去劇院，我會指導孩子們自己表演，在固定的時間和他們讀詩、唱歌，我們一家人自編自演，自己欣賞，倒也其樂融融；沒錢吃大餐，我會定期帶孩子們去公園野餐，在大自然中享受美食。

在那段時期，我們的這些小活動讓孩子們忘記了暫時的困境，樂觀面對生活。這就是生活品質！不需要花很多的錢，只需要我們付出足夠的愛心和智慧。其實這個世界賦予我們很多不需要花錢的好東西，如「江上之清風，山間之明月」，我們要教會孩子不管在什麼狀況下，都享受到美好。

一個精神富足的孩子，長大後才能遊刃有餘地面對金錢、面對生活，不會在自己的孩子面前嘮叨家裡沒錢，把大人的苦惱轉嫁到孩子身上。我很慶幸自己當時沒有在孩子面前「哭窮」，現在我的孩子們個個大方得體，在金錢面前不會吝嗇小氣。

在家裡的經濟條件慢慢好轉後，我會買些小飾品或鮮花放在家裡，讓孩子們一早起來就看到美美的家。我還會帶孩子們去喝下午茶，享受溫馨時刻……

不管在什麼條件下，我都盡我所能地維持家裡的生活品質。我一直告訴孩子們，高品質不等於揮霍，**好的生活品質是貧困時保持優雅，富有時保持冷靜**。漸漸富裕之後，我也不贊成他們隨便花錢，我一直是這個態度，錢要花在刀口上，花在值得的地方。

那麼，到底哪些錢應該花，哪些錢不該花呢？

我會列一份清單，列出家裡需要添置的物品，孩子們也列一份清單，列出他們自己需要添置的物品，然後按照需要使用的緊急程度排序。孩子們還有一個願望清單，那是他們希望得到的禮物，這個清單可以按照喜歡的程度排序，在生日或者新年的時候，我會從他們的清單中選擇他們最喜歡的當作禮物。**這個願望清單的存在是為了告訴孩子們，他們值得擁有自己喜歡的東西**。

這就是我看待孩子花錢的態度：不亂花，也不是不花，每個孩子都值得擁有自己喜歡的東西，只是不能過分。

猶太父母這樣做

從教育跟生活品質下手，澆灌無可取代的精神財富

清末民初知名學者梁啟超曾說過：「梁家是寒士家風出身，但寒門家風並不等於寒酸；不能因為節儉而虧了身體，對於學習、增長見識的錢，該花就花。」

這點跟猶太人的財富觀很接近。猶太人在學習上，很捨得花錢。眾所周知，猶太民族是個愛看書、注重學習的民族，一到休息日書店裡都是人。我認識的猶太家庭不論家庭條件如何，家裡都會訂閱雜誌，讓自己的精神富足。

物質的富足會讓你一時出風頭，精神的富足則會讓你時時刻刻受到尊重。

但是對大部分孩子來說，物質的享受對他們更具誘惑性。特別是現在物質豐富，走進商場，琳琅滿目的玩具讓人目不暇給，沒有定力的孩子被吸引是很正常的事情。這種時候不能全面打壓孩子的欲望，當然更不能隨便消費。

如何才能在節約和消費之間找到平衡點呢？

猶太教育的經典觀念之一——**「延遲滿足」**在這裡可以派上用場。**不直接拒絕，也不立刻購買，給孩子一個緩衝期，讓他理性、全面地考慮清楚再做決定。**

延遲滿足是猶太家庭教育的重要手段之一，也是猶太財商教育的重要成分。坦白說，

我們家就是由「延遲滿足」開始，讓孩子們真正學會理財的。延遲滿足不是不滿足，也不是壓制孩子的欲望，而是要讓孩子學會做長遠的打算。可以說，**延遲滿足訓練的是自我控制的能力，是一個人願意為了更大的目標、更長遠的利益，而克制自己的欲望、放棄眼前即時滿足的能力**，擁有這種能力不僅能更好地理財，在工作、人際關係和適應社會等方面也會做得更好。

善用「延遲滿足」這個方法，幫孩子找到節約和消費的平衡點，父母稍微用心，就能培養出在金錢面前不卑不亢的孩子。

猶太媽媽的財商金鑰

給孩子的零用錢使用指南

❶ 區分消費種類，分配預算比例。例如可將消費項目分為：精神性消費（購書、雜誌等）、道德性消費（慈善捐助）、發展性消費（報名才藝班）、交際性消費（給親朋好友買生日禮物）等。

❷ 購物前先列清單，避免衝動消費。（如何列出購物清單？可以回頭翻閱「『5W法』辨識真正需求，建造合理消費觀」這章再複習一下。）

❸ 貨比三家。購物前先在網路上不同平台間進行價格比較，以及在網路商店和

實體店之間比價。

❹注重商品品質，食品類商品要留意保鮮期。

❺詢問商家是否有優惠或善用優惠券，非急用的東西可等打折時再購買。

❻購物付款後，留下發票等憑證，養成記帳的好習慣。

PART

3

致富的刻意練習

——開發商業金頭腦，滾出孩子的第一桶金

「節流」讓財富在身邊留得久，但是懂得「開源」才不會坐吃山空！猶太人被公認為全世界最會做生意的商人，他們的商業金頭腦可不只是先天遺傳，而是從小「刻意練習」的成果。

本章中，猶太媽媽沙拉傳授如何善用孩子的賺錢欲望，鍛鍊孩子吃苦耐勞的受挫能力，驅動孩子發掘自身特長與他人需求，創造獨特商機，活用創意讓小錢滾出孩子的「第一桶金」。

從家事起步，啟發孩子的開源意識

家務教育是孩子生存能力的起點。根據猶太教育學家所歸納的觀點：「缺乏家務教育的孩子，長大後不會有良好的表現。」「有償生活機制」讓孩子知道萬事萬物都有成本，想獲得就要付出，也讓孩子明白，他們的勞動可以轉化為金錢。

猶太父母這樣做

確立「有償生活機制」，從工作中領悟致富之道

猶太家長從小就告訴孩子世上沒有「不勞而獲」的事。他們堅信每個孩子天生具備賺錢基因，至於這個基因能否發揮作用，取決於父母的引導是否恰當。

以色列家庭教育有句口號：「要花錢，自己賺！」當孩子提出自己的願望時，猶太父母會告訴他：「孩子，你必須付出自己的努力，才能換到你想要的東西。」尤其是富爸爸們對這個口號更是鼎力支持，畢竟沒有一位億萬富翁是憑空獲得長久的事業與財富的。洛克菲勒也一直這樣告誡自己的孩子：「勤奮工作是唯一的出路，工作是我們享受成功所付出的代價，財富和幸福要靠努力工作才能得到。天下沒有免費的午餐。」

在猶太父母看來，優越的家庭條件並不一定是好事，再富也不能讓孩子過度享受。正像中國人常說的那句老話：「艱難困苦，玉汝于成。」（將人置於艱困的環境中，是為了像玉一樣的磨練，使之成功。）猶太富豪們很怕子女養成不勞而獲的習慣，因為貪圖享樂、驕奢淫逸的惡習一旦養成，很可能會毀了自己的一生，甚至毀了整個家族的產業，所以他們讓孩子從小就知道「天下沒有免費的午餐」，即使是富人家的猶太小孩，在家中同樣得靠做家事換取零用錢。

初到以色列時，我以為只有經濟條件不是特別好的家庭才重視金錢教育，後來我在一個極富裕的家庭打工時才發現，富有的猶太父母更重視孩子的財富觀養成。我打工的那個家庭有個就讀小學的男孩，雖然家裡有多台名車，但基本上不會用來接送這個孩子上下學。無論颳風下雨，這個男孩都得自己坐公車回家。如果他想要一雙嚮往已久的球鞋，他的父母會建議他每天晚上洗一次碗筷，用自己的勞力來換取。他的父母說，這樣才能讓孩子感受生活的酸甜苦辣。

如何培養孩子的財富意識？最簡單的第一步，就是讓孩子知道錢是「掙來」的，不出力賺錢就永遠沒錢。父母給孩子紅包，考試成績好給獎金，這都不是掙錢。「掙錢」一定是使用合理合法手段的交易及買賣。

如果不知道如何讓孩子賺錢，或者不放心讓孩子小小年紀出去賺錢，可以向以色列家長學習，從做家務開始，在家實行「有償生活機制」。這樣既能培養孩子的財商，也能鍛鍊孩子的生存技能。

很多家長會擔心有償生活機制破壞親子感情，這是因為對有償生活機制不夠了解。**「有償」並不是指家裡每件事情、每樣物品都明碼標價，而是要讓孩子知道每件事情、每樣物品都是有成本的，想要獲得就需要付出，可以付出金錢，可以付出勞動，或者其他的等價物品。**讓孩子在家做家務，家長給予一定報酬，是要讓孩子明白，他們的勞動可以轉化為金錢。但爸媽也不能做過頭、事事都計價，聰明的家長要拿捏好分寸。因為孩子是家庭的一分子，有些事情是孩子本來就應該分擔，而家庭責任和愛都是不能標價的。建議家長先以適當的方式讓孩子感受到足夠的愛，再實行有償生活機制，不要本末倒置。

我提倡有償生活機制，因為這是讓我孩子走向成功的起點。和大部分父母一樣，我第一次聽到這個名詞的時候，覺得好殘酷，基本上是無法接受的。同時心中也很忐忑，這樣就能許給孩子一份可持續發展的人生嗎？說真的，我是非常猶豫的。理念是一種革命，有償生活機制、財商教育顛覆了我既往的家庭教育模式，但既然我們在猶太世界生存，我就決定改變，讓孩子成為真正的猶太人。幸好，在孩子們的配合下，我們改變模式，由做春捲、賣春捲開始改變之前的家教方式、生活方式。

「有償生活機制」的重點不在於付錢，而在於責任感。在家裡，孩子本就應得到食物和照顧，但若還想得到其他東西，孩子就得學會用勞力賺錢，才能獲得自己需要的一切。沒想到，讓孩子們一起參與家務與家中的生意，竟起到了意想不到的效果。孩子們不僅知道要花錢就得自己出力去掙，更增強了家庭責任感，讓我們家的向心力更強了。

猶太父母這樣做

柴米油鹽打磨務實態度，造就未來競爭力

現在社會上仍有不少「啃老族」，究其原因，其實就是父母沒有讓孩子從小參與家庭事務。我們總覺得自己愛孩子，捨不得讓他們的嬌嫩小手沾上陽春水，捨不得占用他們寶貴的學習時間，怕影響他們的考試成績。殊不知，**家務教育是一個孩子生存能力的起點。猶太教育學家歸納出來的結論是：「缺乏家務教育的孩子，長大後不會有良好的表現。」**孩子們協助我克服了猶豫，讓我下定決心，狠心採用有償生活機制的教育方式。我家的財商教育就是這麼開始的，現在回頭去看，我可以毫不猶豫地說：有償生活機制跟做家事，就是財商教育最好的起點。

之後，我不斷引導孩子，讓孩子懂得生命、生存、生活和生意之間的關係，我要他們知道生存的不易、生活的態度、生命的可貴和生意的重要。而做春捲及開餐廳，就成為最好的實驗。我不再做「孩奴」，家事大家分擔，當天該洗碗的人如果不想洗碗，可以自行去調整交換，不可以賴皮偷懶。我還是一樣地愛他們，會送他們禮物，會給他們獎勵，但這些不和他們做家事畫上等號。人人有責任做家事，這讓每個人感受到家庭是大家共同的責任，「有權利吃飯，沒有義務洗碗」的想法立即不見了。剛到以色列時，我家確實

是家境困難的，但我很慶幸我透過言傳身教告訴孩子們要自立自強！那時的生活非常艱苦，但我都沒向鄰居借過一滴油、一勺鹽、一粒米和一顆糖。如果家裡的東西用完，當天家裡沒吃的，大家就餓一頓。我狠心做到了，而孩子們也學到了自立自強，不論富有或貧窮，全家人都同甘共苦！這讓他們從小明白，若不想辦法賺錢，大家都沒有好日子過。唯有樹立自立自強的態度、節約自制的品格、不浪費的習慣，全家人才能有美好的未來。就是這麼簡單，大家一起分擔家事，培養出了有家庭責任感的孩子。

從小會做家事的孩子，離開父母之後，他們的生存能力都不會太差。孩子總有一天要離開父母自己去闖蕩，自立是最基本的要求。想要獲得財富，首先必須自立。有能力照顧好自己，才有精力去做其他事。從做力所能及的家事開始，培養孩子的自立自主性是一個很好的選擇。調查結果顯示，擅長做家事的孩子思路都比較清晰，這點對於財商的培養也很有助益。爸爸媽媽們不要再猶豫，快點讓孩子也一起分擔家事吧！

猶太媽媽的財商金鑰

0～16歲孩子的家事清單＆各階段目標

第一階段：配合秩序敏感期與動作敏感期的訓練

給9至24個月孩子的家事清單

☐自己把玩具放回玩具箱（父母要給予簡單易行的指令）

給2歲孩子的家事清單

☐把垃圾扔進垃圾桶
☐當父母請求幫助時，幫忙拿東西

給3歲孩子的家事清單

☐刷牙
☐餵寵物
☐把髒衣服放到洗衣機裡
☐協助父母把乾淨衣服放回衣櫃
☐飯後自己把碗盤放到廚房水槽
☐幫忙收拾房間和整理玩具

給4至5歲孩子的家事清單

☐為家裡的植物澆水

□擦桌子

□自己準備第二天要穿的衣服

這個年齡階段的孩子正好處於秩序敏感期以及動作敏感期，讓孩子做些力所能及的家事，不但可以滿足他們對秩序的渴望，也有助於肌肉與動作的發展和訓練。

第二階段：孩子自理能力的訓練、責任心的培養

給6至8歲孩子的家事清單

□能夠大致自理個人的整潔衛生

□端菜、擺放餐桌

□把垃圾帶到樓下的垃圾箱

□整理及打掃自己的房間

□整理床鋪

給9至12歲孩子的家事清單

□能夠完全自理個人的整潔衛生

□掃地、拖地
□打掃浴室、廁所
□洗一些衣服
□擦拭家具
□幫忙父母挑菜、洗菜

這個階段的目標是培養孩子的自理能力，孩子可以完全照顧自己的生活，不必再依賴父母的幫忙。除此之外，孩子在負擔部分家務的過程中，也能體認到自己也是家中成員之一，培養責任感，並體諒爸媽的辛勞。

第三階段：完全管理個人事務並照顧他人

給13至15歲孩子的家事清單

□能做簡單的飯菜
□清洗自己全部的衣物
□擦玻璃
□清理冰箱、瓦斯爐

□為自己的錢做好預算
□列出購物清單

給16歲以上孩子的家事清單

□負責自己的全部穿著
□計畫並準備一家人的飯菜
□做好自己未來的教育計畫

這個階段的孩子，扮演的已經不是從旁協助爸媽的角色，他們有能力管理家務，甚至可以參與家中的經濟活動。此外，從小開始的家事訓練，讓他們學會了做事的方法，做事不但更有效率，也懂得如何規畫自己的未來。

打工實習，就是最佳的商業管理實作課

賣春捲是我家當時在特定條件下做出的選擇，
我抓住這個機會，給了孩子們最貼近日常生活的財商教育。
但我的重點並不是家裡要做生意賣東西才能培養孩子的財商，
而是家長要善於把握契機，或在必要時創造契機，對孩子進行財商教育。

我家的財商教育，是由全家一起做家務，一起做春捲、賣春捲展開的。春捲生意改變了我們一家的命運，這種改變不僅僅是生意為我們帶來了金錢，更重要的是孩子們在參與生意的過程中改變了很多。因為孩子們在做春捲的過程中知道，要完成這麼多道工序才能吃到一個春捲，讓他們學會珍惜。如果不是他們親自體驗，就不可能知道其中的繁瑣及複雜，不會明白幸福來之不易。

猶太父母這樣做

給孩子的管理學先修班
——從承攬家務學會運籌帷幄

去以色列前，我和大多數中國母親一樣，始終秉持「再苦不能苦孩子」的原則，把孩子照顧得無微不至。剛移民到以色列時，他們不用疊被子，不用燒水，更不用做飯。等到基本生活及孩子的學校都安頓好了，我開始想：眼前最大的問題就是如何生存。

該如何提高家裡的收入來源？有什麼我可以在兼顧照顧孩子的情況下製作來賣的食品？我自問：「有什麼是外國人沒機會吃到，但是會喜歡吃的中國食物？有什麼是我可以做來賣的？」我不斷思考市場的需求與自己能力的交集，我要投其所好，最後我想到的答案正是春捲。

但我在此之前並沒有做過春捲，也沒學過如何做春捲，但我知道春捲最關鍵的就是春捲皮。我憑著記憶中上海菜市場裡老人做春捲皮的樣子，開始自行摸索，試著用平底鍋把和好的麵粉做成皮。在用掉兩三公斤麵粉後，我終於做出了第一張春捲皮，當時，我的眼淚再也控制不住了。我知道，憑我的勤奮，一定能靠這一招在以色列立足！

為了養家餬口，我開始盤算：如果每個春捲能賺〇．七謝克爾，那麼一天要賣幾個春捲才能賺到基本家用？我在腦中開始計算，想著美好的未來。那時候，我最大的夢想就是努力賺錢，供孩子好好讀書，讓三個孩子快快樂樂長大。我並不想讓孩子做「錢奴」，但我自己卻淪為「錢奴」，整天就想著如何賺錢養孩子。

早上，我先把孩子送到學校讀書，他們上學後，我再出去擺攤賣春捲，然後站在寒風凜冽的街頭兜售，一切都是第一次，對我來說都是挑戰。下午，孩子們放學了，他們就來春捲攤找我。我先把他們安頓好，等到了吃飯時間就暫時停業，用小爐子為他們煮餛鈍、下麵條、煮餃子。到了晚上，已經勞累一天的我，還會在燈光下用親手做的識字圖卡教孩子希伯來語。不論多忙、多累，我都不讓孩子動一下手，裡裡外外的家務活都是由我一人承包，他們只要專心課業。

某天，這樣的日子終於被打破了，這都要感謝鄰居大嬸對我的怒吼：「別把那種不科學的母愛帶到以色列來！」她看到我手忙腳亂地做飯，還一碗一碗幫孩子們盛好，就對我的孩子說：「你們已經是大孩子了，怎能像客人一樣，看著媽媽一個人忙呢？」

我問自己：「我是不是應該重新去建立母親的價值，重新去思考自己滿腔的母愛？」家庭教育改革說來容易，做起來難。首先，我就得過自己這個慈母關，我沒有勇氣馬上改變。我擔心萬一孩子不理解我的用心良苦，把我當成殘忍、冷酷、不可愛的媽媽，那該怎麼辦？有償生活機制會不會影響他們的學習時間，讓他們成為不愛讀書、只愛賺錢的「錢奴」？但是看到孩子們與同齡以色列孩子之間的差距，我勸說自己，要做一個有智慧的母親，不能因為自己的心軟而誤了孩子的長遠發展。

之後，我向孩子們提出了我的想法，他們的反應出乎我的意料，居然是熱烈歡迎！孩子們很高興家中實行這種有償生活機制，因為他們知道即將擁有自己的收入。於是，我和他們達成以下共識：

❶開始了解與關注每件商品的價格。

❷不能再以讀書為理由，當個「四體不勤、五穀不分」的小皇帝、小女王。

❸開始做家事，不能只讓媽媽一個人為全家操勞，要和媽媽一起解決生計問題。

猶太父母這樣做

善用機會教育，站上第一線實戰行銷經營

孩子們從上海來到以色列後，已經體驗到了由「富養」到「窮養」的變化，也親身體會了以色列「生存教育」的方式，感受到同齡朋友比自己更勇敢、更堅強、更有目標和生存能力的事實，所以他們都覺得鄰居大嬸的勸戒非常合理。另外，他們也想像個小男子漢一樣，幫媽媽承擔家庭責任，因為我的辛苦他們都看在眼裡。他們兄弟倆跟我說：「媽媽，也許鄰居大嬸說得沒錯。讓我們試著鍛鍊一下吧。」於是，孩子們跟著我一起做春捲，賣春捲。

有人說，你怎麼可以讓孩子進廚房呢？讓他們去賣這種東西，他們會在同學面前覺得不好意思吧？

廚房，在不少華人家長眼裡是孩子的「禁區」。「別進來，危險！」、「這裡油煙重，快出去！」當好奇的孩子想走進廚房看看，這裡摸摸、那裡摸摸的時候，經常被家長拒之門外。有位年輕的媽媽跟我說：「別說孩子了，連我自己都不常進廚房，從小到大都是我媽媽做飯，女兒生下來後我們就一直和長輩住在一起，或者偶爾去外面的餐廳用餐。等女兒以後長大了，說不定都是吃速食來打發，誰還有空進廚房啊？現在社會分工愈來

愈細，人不一定要學會做飯。」

相較於不少華人媽媽帶著孩子遠離廚房，猶太媽媽是非常鼓勵孩子走進廚房的。猶太媽媽認為：人類要生存，必須要有物質基礎，而吃飯則是基礎中的基礎。在保障安全的情況下讓孩子在廚房裡挑菜、洗菜，可以讓他們感受到自己是可以被信賴、被依靠的，對培養孩子的安全感、自信心、獨立性，都有幫助。

不僅是猶太媽媽，聽說日本還開設了很多家「親子料理教室」，一次大約可以容納六戶人家一起學習。孩子在父母的指導下學習烹飪，比如學怎麼打蛋才能避免蛋殼掉進碗裡等。淘米、洗菜、切菜……孩子穿著小圍裙、戴著小袖套，在家長的幫助下一點點把胡蘿蔔切成絲，**這種參與感，不僅可以增強孩子的自信心，還可以培養他們的家庭責任感。**

我的孩子在參與春捲製作的過程中，學會了很多在書本上學不到的本領，比起「衣來伸手、飯來張口」的那段時間，自信心大大提升，覺得自己和其他猶太孩子之間的差距沒那麼大了。而且賣春捲還可以讓他們有自己的收入，不需要事事向媽媽伸手要錢，這也讓他們覺得很驕傲。我的孩子們靠著賣春捲賺錢，非但沒有受到同學的嘲笑，反而獲得一致好評，因為春捲是中國的特色美食，對以色列孩子來說非常新奇。孩子們在賣春捲的過程中收穫了金錢，也收穫了人緣，這些都是他們財商的起步和累積。

我帶著孩子做生意時，還有一個很重要的原則，就是不能耽誤課業。早上孩子們正常上學，放學後，一星期有兩次是到菜市場擺攤，有時也會在晚上七點後到酒吧去賣。我們最喜歡碰到有人開派對，就能一下子賣出一百個或更多，這讓孩子馬上學會什麼是批發及批發價。銷售量大時，單價可以降低，因為量大可以彌補單個利潤減少的損失。

因為每天賣春捲的時間有限，而孩子們又希望能夠多賺些錢，於是他們就開始動腦筋了。比如為了降低成本，他們主動建議，晚上等菜市場的攤主都打算收攤時再去採買，收購剩下的菜，他們對我說：「媽媽，這樣成本會低一點。」然後，他們將收購來的菜一筐筐提回家。因為力氣小，三個孩子只好採取「車輪戰」的方式，先合力把一筐提過去，放下，再回去提另一筐。

賣春捲是我家當時在特定條件下做出的選擇，我抓住這個機會，給了孩子最貼近日常生活的財商教育。並不是所有人都得去賣春捲，也不是說非得家裡做生意賣東西才能培養孩子的財商。重點是爸爸媽媽們要善於把握契機，或者在必要的時候創造契機，對孩子進行財商教育。

最好的財商老師是父母，最好的財商課堂是家庭。從某種程度上來講，兒童財商教育最應該教育的是父母。雖然現在坊間有些兒童財商課程，但我仍然堅信，讓孩子從真實生活中體驗會比上課更有效果。

猶太媽媽的財商金鑰

讓世界首富終身感謝的財商教養法

曾經蟬聯十三年世界首富的比爾．蓋茲曾多次表示，自己的成就離不開父母的教育。究竟是怎樣的教養造就了今日的比爾．蓋茲呢？

❶**從小培養閱讀興趣：**比爾．蓋茲出生在一個知識分子家庭，他生性愛動，但讀書時很專注，母親發現這點後對他的讀書嗜好給予鼓勵，並經常帶他去圖書館借書、去書店買書。

❷**尊重孩子的自由選擇：**比爾．蓋茲只對數學和電腦感興趣，但母親一直支持他的選擇。

❸**就算是孩子不擅長的事情，也要鼓勵他嘗試：**比爾．蓋茲小時候不擅長也不喜歡各類體育項目，他的父母卻總是積極鼓勵他嘗試，甚至陪他一起運動。

❹**創造機會多和孩子交流，提升孩子的溝通能力：**比爾．蓋茲小時候不愛說話，但是全家人每週在固定時間一起交流當週的經歷和感受，讓比爾．蓋茲的溝通能力也在過程中逐漸進步。

❺**不貶低孩子，而是多給予讚美及鼓勵：**比爾．蓋茲小時候並非對父母的忠告照單全收，但是他的父母會試著理解他、鼓勵他。

❻ **做孩子創業的得力助手：**比爾．蓋茲決定自己創業後，父母在精神上和經濟上給了力所能及的支援。

猶太媽媽的財商金鑰

六大關鍵數字，抓出財務漏洞

想要賺錢，首先要了解自己和家庭的經濟狀況，但是經濟狀況會隨著景氣、生活際遇起伏，並非一成不變，因此我們有必要定期梳理財務紀錄。翻開帳本，我們可以從這六大面向快速掌握情勢：

❶ **消費額：**本月用於消費的支出。建議可同時找出最大的花銷。

❷ **還款額：**清償債務的費用。未還的債務會衍生新的利息。

❸ **投資額：**用於投資的費用。投資是為了讓財產增值。

❹ **結餘額：**將本月收入扣除前三項後，查看本月結餘剩多少。

❺ **結算差額：**將實際餘額與本月財務計畫的預算比較，檢討制定預算的方針是否錯誤。

❻ **預算額：**根據情況，制定下個月的財務計畫。

激發致富潛能，從小日常發現大商機

夢想與熱愛會激發出孩子的無限潛能。
我的孩子能取得今天的成功，
是因為他們認真思考商機與資源、緊抓每個機會。
正因他們有賺錢的欲望，並為之付出了努力，才有後面的成果。

前段時間看到一則新聞，一個小學生在班級演講中說自己的夢想是發財，這件事在網路上引起了熱烈討論，大致形成了兩派意見：有些人認為這種想法值得支持，有些人則覺得小小年紀就想著賺錢太不應該了。

我一直認為，孩子有賺錢欲望是值得鼓勵的。有句話說得好：「欲望是人類進步的階梯。」我在這裡也要說：「賺錢欲望是財商進步的階梯。」如果你連賺錢的想法都沒有，錢是不可能自己長腳來到你身邊的。人先要有想法，然後才能想辦法去實現。夢想與熱愛會激發出孩子的無限潛能。

當孩子表現出想賺錢的時候，做父母的一定要及時鼓勵，甚至可以在適當的時機幫孩子出謀劃策——觀察市場的需求，思考自身的能力，找到賺錢的機會。如果你的孩子暫時沒有賺錢的想法，你也可以激發孩子的賺錢欲望。畢竟靠自己勞力所獲得的金錢，孩子會格外珍惜。

猶太父母
這樣做

善用孩子的賺錢欲望，從自身潛能開發獨家市場

孩子要怎麼賺錢呢？在以色列的時候，鄰居太太告訴我：「賺錢沒有年齡的限制，人人都有自己的賺錢方法。」事實證明，她說得沒錯，我的孩子藉由自己的學習以及與同學的接觸互動，充分吸收了猶太法則的精髓，他們會動腦筋從事那些不用投入本錢的行業。

大兒子注意到了以色列和中國在文化方面有很多差異，也從大家對春捲的喜愛，猜出以色列人可能會對中國文化感興趣。於是他向報社投稿，介紹上海的風土人情和他們兄弟倆在上海的童年生活。他的猜測果然是正確的，報社編輯看到他的稿件覺得很有意思，就向他定期約稿，於是他用自己的文筆為我們每個月賺取高達八千阿高洛的豐厚稿酬！這件事他並沒有提前告訴我，因為他想賺錢幫家裡減輕負擔，又怕萬一沒有成功會讓我失望，所以他自己分析、自己投稿，結果竟然成功了。這件事也給了他莫大的鼓勵，讓他的自信心大大提升，他也更樂於動腦筋思考怎麼賺錢。

感受到以色列人對中國文化的好奇後，大兒子還在校內舉辦過關於中國文化的講座，得到同學的廣泛好評，從而促進了春捲的銷量，**這一切，都歸功於他常常思考自己的特長在哪裡，要怎麼才能賺到錢。**

猶太父母這樣想

懂得有來有往的孩子，更能用好人脈吸引機會

女兒在以色列文化和家人的薰陶下，小小年紀就知道利用自身特長賺取零用錢。她會精心為哥哥們烹煮紅茶，準備不同口味的麵包片，這樣哥哥們就會支付她茶水費與點心錢。有些讀者不相信哥哥真的會付這些費用給妹妹，但在我看來這完全沒必要大驚小怪，因為這其實和國際禮儀慣例中「服務」與「被服務」的關係一樣。

為什麼要給小費？現在還有很多人對此心存疑問。其實，小費的給予代表認可他人對自己服務的表現。我很注重在日常生活中培養孩子服務人及被人服務的禮節，這樣被教養長大的孩子才會更受歡迎。我的孩子在早期生活中已經學會立足社會的必要禮節，小至支付小費，大至外出的服裝儀容得體。我教孩子賺錢，也同樣告訴他們有些錢該花就得花，比如小費，這體現的是我們對他人工作勞動的尊重。

妹妹並不會亂花從哥哥們那裡得來的茶水費，而是把大部分都存起來，需要時才拿出來買自己喜歡的東西，或是在節日或家人生日時買禮物給我們。**家庭成員間互贈小禮物，也是一項值得推薦的活動，這種儀式感會讓我們更直接地感受到家人的愛。**不僅是家人之間互贈禮物，對朋友也是要時常準備禮物的，這些都是我從小灌輸孩子的一種社會禮節和觀念。禮物貴重與否不是最重要的，重點在於心意。猶太人那麼會賺錢，又那麼愛

賺錢，但他們日常交往時也會互贈禮物。**有財商頭腦的人都知道，所有人際關係都需要認真經營，說不定你的禮儀和善舉，會為你帶來生意的機會。**

猶太父母這樣做

給予適當生存壓力，激發孩子緊抓機會的決心

我在以色列學會了猶太人的理財態度：不放過任何一個做生意的機會，也不放過任何一個生意可能萌芽的機會。接納甚至鼓勵孩子的賺錢欲望，創造機會讓他們實現自己的願望。有時還可以適當給孩子一點壓力，激發他們的賺錢的動力。

我的孩子走上從商之路，跟我的教育有直接關係。兒子十五歲那年，為了讓孩子更融入當地社會，我送他們去烘培坊打工。我們的約定是：他們必須自己賺夠回中國讀書的費用，因為我不會再負擔他們的學費。

孩子們為了回中國讀書，覺得靠賣春捲和打工賺錢的速度太慢了，於是開始動腦筋。他們想到了開發中國的資源，於是寫信給他們的中國同學，拜託同學幫忙購買具有中國特色的商品，比如美麗的絲巾、中國結、中國醬料等寄到以色列，然後輪流到菜市場擺攤販賣這些商品，讓收入大大提升。當時在中國一條售價二十五人民幣（約合新台幣一百二十五元）的絲巾，在以色列能賣到兩百五十謝克爾（約合新台幣兩千五百元）。孩子們絲毫不以為苦，每天一放下書包，鋪上紅布就開始販售商品。賣到收攤後，再去幫菜販搬

運蔬果，這樣一小時又能賺十五謝克爾，最後菜販可能還會送些賣剩的蔬果給我們，孩子們就會高興地帶回家當晚餐食材，這真是一舉多得，除了賺錢還省了我們的菜錢。

我一直教導我的孩子：想要實現賺錢的欲望，就別放過每個機會！**在猶太人心中，做生意絕不是只為自己謀利益，而是以滿足人們的需求為目的。**我的孩子能取得今天的成功，和他們認真思考商機與資源、緊抓每個機會是密不可分的。無論是拜託市場管理員給他們留攤位，還是在以色列的報紙上開專欄，都是他們自己把握機會才得到的。他們有賺錢的欲望，並為之付出了努力，才會有後面的成果。

等到孩子們回到中國讀書時，中以貿易愈來愈頻繁。以色列最著名的商品就是鑽石，小兒子夢想能把以色列的鑽石生意帶到中國。他靠著賣鑽石的佣金一點點積攢財富，到了一定時間就把收入換成一顆小小的鑽石，然後拿到中國來賣，再賺得更大的利潤……他的鑽石買賣生意就這麼起步了。當時小兒子雖然年紀不大，卻已成為鑽石方面的專家及賣家，他也因此獲得一個綽號——「小猶太」。

回想當年，小兒子對我談及自己的鑽石夢時，我並沒有因為我們沒本錢做鑽石生意而打擊他的夢想，而是告訴他：「有夢想是好事！不過鑽石行業門檻高，平時必須要多累積各種資本。」兒子把我的話聽進去了，他不僅開始存錢買鑽石回國賣，還利用各種機會充實自己在鑽石方面的專業知識。我很慶幸自己是個會激發孩子賺錢欲望，並給予他們一些意見的媽媽，讓他能年紀輕輕就成為鑽石專家。

其實大部分孩子都有賺錢的欲望，但很多孩子的賺錢欲望可能受到了父母或老師的打擊，從此就不敢再表現出來了。

而父母該盡力從小培養孩子擁有廣博的知識，這樣孩子才能頭腦聰明，具備一雙慧眼，未來的生活就能遊刃有餘。

我記得我們回中國之前，每個孩子都買了很多以色列的商品，抵達中國後就拿到學校販賣。當時有老師就來找我了，說我的孩子在校園推銷來自以色列的商品，從食品、民族服裝甚至到子彈殼……無所不有，他建議我「好好管教一下孩子」。這讓我很感慨！這就是中國人與以色列人的不同觀念，我認為孩子做得沒錯，於是告訴這位老師：「我無權干涉孩子的行為，我覺得這是他們賺取學費的方式，因為我已經不再負責他們的所有學習費用了。」我記得那個老師的眼睛瞪得大大的，完全無法理解我這個月薪五千美元的母親，竟然會不給孩子學費，而是讓孩子賺取自己的學費。可是經歷過以色列文化薰陶的我認為這很好理解，因為賺錢沒有年齡的限制，財商教育要趁早。孩子的賺錢欲望和行為，在我看來都是值得鼓勵的。**我的孩子沒有因為賺錢而荒廢學業，相反地，正因為他們想賺錢，所以願意去學更多的東西。**

在上海讀大學時，雖然孩子的主修是外語，但是遇到上海服裝展覽會、裝修展覽會之類的活動，也會去參加，看看有沒有自己能學的東西。他有時去做翻譯，有時幫忙跑腿送資料，找機會跟對方交流，主動告訴對方：「如果您在上海多待幾天，也許我能幫上您。」他總是對我說：「媽媽，展覽會中充滿了各種機會。」我很高興，孩子踏踏實實地把自己的人際網鋪好，不放過任何一個做生意及賺錢的機會。從這個角度看，我的孩子已經是生意人了。

針對有賺錢欲望的孩子，父母要正確利用孩子的渴望，在提升孩子的財商之餘，還可以提升孩子的知識和能力。

猶太媽媽的財商金鑰

化欲望為助力的五大心法

❶ 欲望本身並不可怕，每個人都該有自己的欲望，適當的欲望能催人進步。
❷ 在金錢和欲望之間要達到平衡，做金錢的主人，不被金錢控制。
❸ 富人之所以能成為富人，是因為他們有強烈的賺錢欲望，並且能把這種欲望付諸實踐。
❹ 窮人之所以是窮人，是因為他們花錢的欲望遠遠大於賺錢的欲望，耽於享受，不想去奮鬥拚搏。
❺ 利用欲望要合理合法，不能越過底線，否則得不償失。

適時放手，鍛鍊孩子獨當一面的本事

我家孩子們第一次獨自出去賣春捲時，我也是不放心的。但是與其擔心這、擔心那，不如放手讓孩子自己去做，遇到問題孩子自然會想辦法解決。在困境中，孩子會成長得更迅速，經過挫折後的成功也更讓人喜悅。

當孩子有了賺錢欲望，也打算開始行動的時候，此時父母還不能完全放手，最好適時給予孩子一些建議，做他們堅強的後盾。**畢竟難以事事都一帆風順，在孩子遇到挫折的時候及時給予幫助和鼓勵，別讓他們失去信心，這一點很重要。**

要激發孩子的熱情其實沒那麼難，關鍵在於我們做家長的是否在思想上和行動上都做好準備。賺錢沒有年齡限制，孩子通常比我們想像得更敏感，更富有智慧、觀察力和學習精神。不然，為什麼有教育家會說「沒有教不好的孩子，只有不會教的老師」呢？

當我的三個孩子跟以色列當地孩子接觸多了，看到同齡的猶太小孩常常可以自己承擔一些小額消費，讓他們既佩服又羨慕。因此當我宣布我們家也要實施有償生活機制時，孩子們竟然個個摩拳擦掌、躍躍欲試。原來，孩子比大人更能適應改變！雖然後來證明很多事並沒有他們想像中那麼簡單，但孩子們也正是在克服這些困難的過程中，真切感受到了生活的真諦、生活的目標，了解分數和學歷可以協助他們實現怎樣的夢想。

猶太父母這樣做

邁向獨立的第一步
——做好眼前小事，磨亮自信

孩子們加入我的春捲生意，可不是單純的幫忙，我會讓他們抽成，根據不同的工作給予不同的抽成比率，比如幫忙做春捲可抽一〇%，幫忙賣春捲可抽二〇%。之所以設定不同的抽成比率，是想讓孩子們明白：**勞動可以獲得報酬，但是不同的勞動所得到的報酬是不一樣的**。這就是社會的現實法則，既然孩子未來也得步入社會，那麼從一開始我就告訴他們通行的規則。因為相對於做春捲，賣春捲要和不同的人打交道，會遇到更多的挑戰。

讓我很欣慰的是，我的孩子們並沒有因為賣春捲的抽成比率高，就都選擇賣春捲。他們根據自己的性格和特長進行分工：哥哥性格相對內向，不是那麼擅長跟人打交道，他同時選擇做春捲和試著賣春捲；弟弟比較外向，覺得自己可以把春捲推銷出去，就選了賣春捲。

我至今還記得哥哥做出第一張春捲皮時，帶著汗水的臉上顯露出的興奮；我也還記得那天弟弟賣出第一份春捲回到家時的那種激動之情。當時他們的這種興奮和激動其實和抽成無關，純粹是成功完成一件任務的喜悅，**這種成就感對孩子的財商和情商培養都很重要，因為唯有享受到了成就感，才會有繼續做下去的欲望**。當然，賺錢的樂趣也是讓人堅持繼續的動力之一。

當孩子們完成自己的工作後，我每天會跟他們結算他們當天的收入。孩子們都有各自的帳本，裡面清清楚楚記下他們做了多少春捲、賣了多少春捲、當天收到多少抽成金、總共有多少錢。到後來，他們會邊看帳本邊思考第二天該怎麼讓自己的抽成金更高。孩子們享受到了賺錢的樂趣，於是開始主動研究怎麼做才能合理賺到更多錢。

在這裡要提醒各位家長，**提供孩子賺錢的機會時，不管是做家事、擺地攤或者其他方式，都要及時結算，當天的錢當天就要付給孩子，並邀請孩子一起參與計算**。這對孩子來說很重要，若過了好幾天才結算，孩子的賺錢興致可能就會慢慢減弱。做父母的一定要保護孩子的樂趣，因為從賺錢中享受到的樂趣，會成為他們繼續加油的動力。

猶太父母 **這樣做**

讓孩子接待顧客，第一線的挫折、樂趣都化為前進動力

前面章節提到我那帶著孩子讓他們自己擺攤的朋友，其實他們「地攤事業」的源起，是這兩個小朋友某次到便利商店想買東西，卻都沒帶錢，於是靈機一動，決定把自己身上原有的零食賣出去，再拿錢去買自己想買的東西。經過他們的不懈嘗試，終於收穫了

二十元，兩個小朋友每人花十元都買到了自己想要的東西。品嘗到自己賺錢的樂趣，兩個小朋友慢慢有了更多想法，為他們的地攤取了名字，還尋求爸爸媽媽的幫助，建立了網路商店和宣傳用的社群帳號，想在社區辦跳蚤市場和送貨服務。他們的爸爸媽媽則幫忙在社區中找到其他感興趣的小夥伴一起擺攤，幫孩子聯繫慈善機構捐出部分收入，讓他們在享受賺錢快樂的同時，也享受幫助他人的快樂。

在這件事上，父母只是輔助角色，孩子是因為親身體會到了樂趣，才會繼續自己的地攤事業，持續思索如何讓他們的地攤事業發展得更好。我們常說「興趣是最好的老師」，只有孩子自己真正愛上了某件事，他才會做得更好。

很多家長跟我說他們也想鍛鍊孩子，讓孩子自己去打工或者賣東西賺錢，卻又很擔心，所以遲遲不敢行動。這種放手前的擔憂是很正常的，但我們家長不能因為害怕就躊躇不前。在事情發生前，想再多都是沒用的。與其擔心這、擔心那，不如放手讓孩子自己去做，遇到問題孩子自然會想辦法解決，遇到孩子實在解決不了的問題，家長再出手相助也不遲。在困境中，孩子會成長得更迅速，經過挫折後的成功也更讓人喜悅。

我家孩子們第一次獨自出去賣春捲時，我也是不放心的。但是**我知道我必須放手，孩子才能成長，而我能做的就是事前給他們建議，事後給他們鼓勵**。

我在家預先跟孩子們進行銷售排練，設計了幾個銷售過程中常遇到的情況，告訴他們遇到這些情況要如何應對，在心理和技能上都做好準備後，才出去推銷春捲。儘管這樣，過程也不是一帆風順的，小兒子剛開始還是有些怯弱，但是想到有媽媽和哥哥妹妹的支持，他克服了自己的膽怯，也沒有因別人的拒絕而氣餒，堅持不懈地向別人介紹自己的商品，才終於賣出一個。但是有了第一個之後，後面的就沒那麼難了。

小兒子有了第一次的推銷體驗後，自己歸納了經驗教訓，在此之後，他就能落落大方地賣春捲了，而且他開始分析哪些人更可能購買春捲，再針對這些目標客戶去銷售。孩子們在實踐過程中還發現，如果客人要的商品數量很多，那麼就算單價優惠一些，整筆生意還是划算的，而且賣得快。

於是孩子開始針對要舉辦派對的人家推銷春捲，果然大受歡迎又賺得多。

猶太父母這樣做

肯定孩子的新鮮觀點，玩出商機發展性

這一次次成功的嘗試，讓孩子們信心和興趣大增，在春捲事業上推陳出新，想出一些連我都沒想過的點子。這都歸功於賺錢過程中享受到的樂趣為他們帶來動力，讓他們能夠主動想辦法做好這份工作。而最開始勇敢跨出的第一步，是後來成功的基礎，這一點很重要，因為只有邁出第一步，才能在行動中改變自己。

其實不僅是孩子們，作為他們的母親，我也是在行動中探索而不斷進步。剛開始做春捲時，我不知道浪費了多少原料才成功做出一張春捲皮。許多做餐飲的人，因為吃膩了

而不喜歡自己做的食品，而我一生愛吃春捲。我喜歡吃春捲和做春捲，回到中國後吃了那麼多的春捲，我始終沒吃到比我做得更好的。那時不管天冷天熱，我做出一個又一個春捲，總會想到白居易這首〈賣炭翁〉描寫的謀生艱難，但我微笑著，因為我知道我能用我的雙手做春捲養大我的孩子了。

就這樣，我和孩子們都在一次次的實踐中獲得鍛鍊和成長，特別是孩子們，他們後來跟我說，他們今日的成功和小時候賣春捲的經歷密不可分，很感謝媽媽給他們機會。

孩子有賺錢的想法是好事，但是如果只有空想卻無行動就毫無意義。一定要行動起來，只有真的做了，才有可能享受成功的喜悅。就算失敗也沒關係，歸納經驗，做出調整和改變，總有成功的一天。

猶太媽媽的財商金鑰

猶太商人的十二條吸金法則

法則1 為女性服務

猶太人經商第一格言：想要賺錢，就必須瞄準女人的愛好（鑽石、珠寶、服飾等）。

男人的興趣在於賺錢，女性則偏好家庭物資採購。因此要了解女性的消費動向，滿足女性的消費偏好，全心全意為女性服務。

法則2 為嘴巴服務

民以食為天，猶太人認為在經商過程中應瞄準人們的嘴巴，從事餐飲相關的生意，如餐廳、蔬菜店、魚店、水果店等等，因為吃是人類最基本的需求之一，做這些生意容易賺錢。

法則3 「78：22法則」

「78：22法則」是個自然法則，猶太人發現服飾、餐飲、建築、珠寶、醫藥等總量合計二二%的行業，基本占了生活消費的七八%，他們利用這個法則來掌握全局。

法則4 為錢走四方

這是猶太人天生的特性。他們生來就是世界公民，不僅自己四處奔忙、販進賣出、廣泛聯繫，而且鼓勵別人也這麼做。這提示我們要有全球性的眼光。

法則5 靠腦力賺錢

能夠轉化為金錢的智慧才是真智慧。猶太人認為賺錢是天經地義的事，強調以智取勝，靠腦力賺錢。

法則6 節流更需開源

財富主要靠賺，而不是靠省吃儉用省下來的。猶太商人以經商賺錢為天職，不斷開源。

法則7 誠信是根本

猶太人在經商中最注重契約精神。他們重信守約，一旦簽訂契約，不論發生什麼，絕不毀約。

法則8 惜時如金

猶太經商格言中有句話叫「勿盜竊時間」。這句格言既關乎賺錢，也關乎經商禮儀。當今競爭日趨激烈，時間就是生命，時間就是金錢。我們要惜時如金，珍惜自己時間的同時，也要珍惜他人的時間。

法則9 靠資訊搶占先機

商場是個機會均等的地方，獲取相應資訊，先發制人，更容易獲得成功。

法則10 善於整合資源

在我們的慣常思維中，只有擁有資本，才能有所作為。但猶太經濟學家認為，資金、人才、技術、智慧……這個世界已經準備好了一切你需要的資源，你要做的就是運用智慧把它們結合起來。

法則11 站得高才能望得遠

「腳不能到達的，眼要到達；眼不能到達的，心要到達。」猶太人認為，你能夠想到的未來發展情況有多遠，你的成功就有多近。

法則12 談判創造價值

生意就是生意，在談判過程中應該加強溝通，透過溝通創造價值，達到「雙贏」的成果。

閱歷、荷包都充實的「打工度假旅遊法」

旅遊，既能增長見聞，鍛鍊孩子的能力，還培養了孩子的財商。
在「打工換宿」的過程中，孩子吃苦的能力受到鍛鍊，
他們用自己掙的錢，又享受到了遊玩的樂趣，
看到了之前沒看過的美景，這是相得益彰的事情。

現在很多家長喜歡帶孩子出去旅遊，真切地感受這個世界。我也喜歡帶孩子去旅遊，因為在旅途中能親身體驗書本上學到的東西，還能學到很多書本上沒有的知識。古人說「讀萬卷書，行萬里路」正是這個道理。但是現在一趟旅遊下來，吃、住、行、玩各種費用加起來可不少，特別是旅行社規畫的主題行程（比如親子遊、研學遊之類）價格就更高了。其實只要動動腦筋，活用自己的財商頭腦，旅遊的同時也是可以賺到錢的。

在以色列的時候，我的鄰居朋友們就常在旅遊時發揮自己的優勢賺錢。我入境隨俗，也會利用各種機會讓孩子把遊玩和賺錢結合起來。

有一天，在謝莫那鎮我們自家的「上海小廚」餐館裡，來了一位特別的客人，他開著漂亮的四輪驅動越野吉普車停在門前，引起了我們的注意。當我們得知他就在附近的山上經營滑雪場時，孩子們開始雀躍了，因為在上海長大的他們還沒去過雪山。孩子的好

奇心被激發後，就計畫在這個假期去滑雪勝地玩。他們跟我說：「媽媽，再不去的話，滑雪場的雪就要融化了。」孩子們當時心情急切，恨不得馬上插上翅膀飛到半個多小時車程遠的雪山上去。而對我而言，這又是一個可以鍛鍊他們的好機會，所以我沒有立即答應他們。

猶太父母這樣想

邊旅遊邊賺錢，勞逸結合玩出豐富層次

我心裡是非常樂意讓他們去滑雪場玩的，因為那裡有新奇的景色，可以拓寬孩子的視野和胸懷，而且那時我們家的經濟情況已有所好轉，完全有能力承擔他們的這種小享受。不過，我還是故意「刁難」了孩子們一下，問：「你們很想去嗎？」他們異口同聲地說：「想！」我接著問：「那你們願意去那邊先打幾天工，自己賺滑雪的錢嗎？」孩子們毫不猶豫地回答：「沒問題！」我提醒他們：「山上很冷，打工會很辛苦，你們能堅持住嗎？」他們展現自信，要我放心。孩子們覺得我的提議很棒，就馬上聯絡那位客人尋求打工機會，因為客人在店裡吃飯時，提過山上會雇用短期工作人員。

我為什麼會想辦法讓孩子把遊玩變成工作賺錢？為什麼我會這麼狠心，連一次純粹的度假也不給？這是因為，我看到以色列家長是如此教育子女，他們告訴孩子：「如果你喜歡玩樂，就要想辦法承擔費用，為自己創造更多遊玩的機會。」

孩子們出發去滑雪場幾天後，我去看望打工的他們，還幫他們拍下嚮往已久的雪場及纜車風景，以及雪場工作人員狹窄的床位的照片。孩子們的鼻頭凍得紅紅的，他們在滑雪場裡的工作其實不太輕鬆，但他們完全不以為苦，還開心地跟我說：「媽媽，我看到美麗的雪山啦！」儘管還有在室內打掃房間這類更輕鬆的工作，但他們拒絕了，因為如果在房間裡工作，他們就看不見迷人的雪山了。兒子們用自己的勞力換來了滑雪場的享受，他們覺得非常值得！

同時，滑雪場裡也有很多成功人士來度假。這些人用勤奮和努力，換取了片刻的人生享受，這無疑也激勵了孩子們，讓他們懂得：靠自己雙手獲得的快樂，才是真正的愜意。別怕自己的這雙手小，只要用它努力耕耘，這雙手將變得愈來愈有力量，為你帶來夢想，總有一天可以享受到豐收的碩果。本來只是純花錢的旅遊，在我的建議下，他們發現原來可以先賺到錢再花錢。這種先自己努力耕耘，再享受果實的過程，才是最甜美、最快樂、最愜意的玩樂。就這樣，本來是度假玩樂的計畫，又變成打工賺錢的正事！透過這次經驗，孩子發現：即使是旅遊，只要願意動動腦，沒什麼地方是不能賺到錢的。**在打工的過程中，孩子吃苦的能力受到鍛鍊，他們還用自己掙的錢享受到遊玩的樂趣，看到之前沒看過的美景，這是相得益彰的事情。**

可能有些家長會說，我們又沒有這種去旅遊景點短期打工的機會。我一直認為，機會是要靠自己去尋找、創造的。據我所知，現在有些機構和民宿提供志工旅遊的機會，每日工作時數比較短，讓志工以工作換食宿。家長如果要帶孩子出去旅遊，可以事先查詢你要去的地方有沒有這類的可靠機構或民宿，有的話可以提前與對方聯繫好帶孩子去體驗。我認識一個媽媽，假期帶孩子深度旅遊，在一個地方一住就是一個月，在這個月中，她帶著孩子體驗當地人的生活，了解當地的風土人情，還會去探索旅行團很少帶大家去的景點。她很少選擇住五星級酒店，而是選擇民宿，因為民宿更貼近在地人的生活。等到和民宿的主人混熟後，**她會讓孩子自己去問民宿主人，能不能讓他們打短工賺取零用錢**。甚至深入了解當地後，她還會鼓勵孩子寫遊記，透過分享自己的親身體驗賺錢。如果有其他初來乍到的客人看了他的分享後，對行程感興趣，孩子還會帶他們去玩，賺一點費用。我覺得**這種打工換宿的旅遊方式，比走馬看花式的旅遊帶給孩子更大幫助**。不僅豐富了孩子的視野，鍛鍊了孩子的能力，還培養了孩子的財商。

活用財商思維，「事前六規畫」打造滿分專屬自由行攻略

旅行的財商教育，其實不僅僅發生在旅途中，在踏出家門前便有許多考驗財商的機會。

不管是跟團玩還是自由行，我都建議家長不要自己全程包辦。如果家長都規畫好了，孩子只要背上背包跟著走就可以，那麼孩子並不會對這趟旅程留下什麼深刻的印象。我

喜歡在出發前就讓孩子參與旅行的規畫。如果是報名旅行團，我們會比較不同團的路線和價錢，選擇適合我們的，而不是一味挑選最低價。我會先讓孩子們思考他們想玩哪些項目，再看哪個團的路線跟我們的目的比較契合，然後再比價。如果是自由行，要做的準備就更多了。

我其實更建議父母帶著孩子自由行，因為自由行的吃、住、行、玩都需要自己搞定，孩子參與這些規畫的過程中，處理問題的能力和財商都可以得到大幅提升。自由行首先要制定攻略。攻略做得好，整趟旅行可以省很多錢而且輕鬆百倍。**制定攻略非常適合用來鍛鍊人的規畫統籌能力，這項能力也是培養財商的必備能力之一。**

☑ **路線規畫：**在確定目的地之後，我們要先了解當地有哪些地方可以玩、有什麼特色。在確定要去的景點之後，規畫出一條合理的路線，這條路線既要考慮性價比，行程也要合理安排時間、適當安排休息時間。

☑ **住宿安排：**規畫路線時，還要考慮住宿地點，最好選擇離你要去的大部分景點都比較近的地方，如果要去的景點很分散，那就選擇交通便利的住處。一些離住宿地點比較遠的景點，還要考慮是自己坐車去，還是參加當地的一日遊。

☑ **用餐與伴手禮：**關於吃飯，最好提前選擇幾家作為備選，因為景點附近的飯店可能存在價高宰客的現象，提前做好選擇可以避開這個陷阱。此外，還可以事先了解旅遊目的地的特產和紀念品。

☑ **通訊與上網：**如果是出國旅遊，還要考慮到手機漫遊問題，是事先跟國內電信業者開通流量，還是辦一張當地的短期網卡……這些，都是要事先做好規畫的。

☑ **交通&事先預訂：**攻略做好後，可以提前買好機票或者車票，一般來說，愈早訂票折扣愈大，特別是在寒暑假的時候。酒店也可以提前訂好，因為旺季很容易遇到滿房的情況。買票和訂房時，可以順便告訴孩子什麼是旺季、什麼是淡季、為什麼旺季比淡季貴，這就是生活中的財商培養過程。

☑ **打包行李：**行李的準備，孩子也可以參與其中。我們要告訴孩子不同的地方氣候不同，先了解當地氣候，再看要帶什麼衣服。旅途中很可能遇到一些突發狀況，所以有些藥品得帶好。有時在車上時間較長，可以帶本書或者玩具打發時間。還需要了解旅途的辛苦程度，視情況備些小零食，水更是一定要帶足。建議孩子隨身攜帶筆記本和筆，記錄旅途中有趣的東西。

多讓孩子規畫幾次旅遊，他的籌畫能力絕對會大大提升，財商頭腦也會有所進步。

在旅行中看到具有當地特色的物品，如果孩子覺得這東西很有特色，會有很多人喜歡，那麼經過比價確認價格優惠，還可以考慮買一些回去轉賣，讓財商行為從旅途延續到生活中。

旅行結束後，父母可以鼓勵孩子把旅途見聞寫出來，和旅遊攻略一起發表在網路上，或者向相關雜誌投稿，被採納後還能得到相應的稿酬。

旅遊，既能增長見聞，又能提升孩子的財商頭腦，爸媽一定要好好利用，想方設法激發孩子的參與興趣，讓孩子在旅遊中有所樂也有所得，別讓旅遊只是純粹的遊玩。

風險教育，讓孩子累積信用穩健致富

猶太人之所以能夠獲得「世界第一商人」的稱號，
很重要的一個原因是他們重信守約，
不靠欺騙的手段獲取財富，讓顧客能安心和他們做生意。
「誠信」這件無形資產讓猶太人不僅能賺到錢，還能讓他們的財富代代相傳。

我們培養孩子的財商、賺錢意識和賺錢能力時，也要告誡孩子千萬不能唯利是圖、投機取巧，不然很容易走入歧途。人很容易被能夠輕鬆獲利的噱頭吸引，這也是人之常情，畢竟沒人希望自己只能辛苦過活，但是輕信這些把戲卻容易離幸福生活更遙遠。

我們剛到以色列的時候，家附近有一條每天必經的地下道，天天都有外國人在那裡玩三個杯子的騙局，是典型的「帽子戲法」。按照往例，我們出門時，我會在每個人的口袋都放五十謝克爾，而且是把錢裝在一個寫著家裡住址的信封裡，萬一孩子走丟時至少還有自行回家的車錢。那天，我和女兒走得慢，落在後面，兒子走在前頭。兒子看到他前面有人投了五十謝克爾的賭注，猜中後馬上贏得一百謝克爾，所以他也投了五十謝克爾，結果當然是被騙了。孩子說：「我看見前面的人贏了，就拿錢走了啊。」我說：「因為那人是他們安排的樁腳啊！這個地下道是貫通的，他等下繞個圈又會回到原地，輸錢的你卻早就離開了。」我告訴孩子，生活不是露營，不是野餐，沒有從天而降的財富，想要收穫就得付出努力。

接著，我指著那個外國人說：「我跟你都是移民，你怎麼好意思騙小孩的錢？你不可以騙一個未成年人的錢。把錢還給他，不然我馬上打電話報警！」事後，兒子向我道歉：「我不應該參加賭局……」我鄭重地告訴孩子：「賭錢和吸毒，都是絕對不可以碰的。」

謹守風險承受底線，平靜中走向繁榮

講這個故事是要告訴大家，孩子之所以會去賭，是因為他覺得「哇，這樣好快就能賺到錢」，但現實中最常見的狀況，卻是連自己原本的錢也一下子就賠光了。賭錢事件發生後，我趁熱打鐵讓兒子明白：投機取巧不可取，贏了也是輸，做人還是要腳踏實地。

「萬丈高樓平地起」，賺錢也是得走正道、靠小錢逐漸累積而成，我告訴孩子：「你如果想致富，想買好的禮物給媽媽，絕不能靠賭錢這種投機取巧的做法，還是得踏踏實實每天做春捲、寫文章，有能力的話還可以翻譯點東西。我們要在平靜的生活中走向繁榮，絕不能靠賭錢致富，投機取巧是贏不到未來的。」這是一次很好的機會教育，用五十謝克爾的小錢，讓孩子明白了賭博的危害，從此避開賭博，日後不會損失大錢。這件事也讓兒子知道生活中有很多看起來很美好的誘惑，如果不能自律，無法守住自己的內心而去投機取巧，很可能就會掉進陷阱中。

我還聽過很多因沉迷彩券而欠下鉅款的故事。也許真有因為買彩券而一夜暴富的意外發生，但這樣的概率微乎其微，大部分人買彩券的錢都是石沉大海、一去不回的。有財商頭腦的人不會把買彩券視為賺錢手段，因為這是機會主義的做法，自己根本無法把控。這不是投資，而是投機。

那麼什麼是投資？猶太人的專業說法是：犧牲或放棄現在用於消費的價值，用來獲取未來更大價值的一種經濟活動。仰賴投機是無法長久擁有財富的。在彩券上一而再，再而三投入的，肯定是缺乏財商頭腦的人，才會懷抱賭徒心態持續做著一夜暴富的夢。

猶太富豪們都會告誡自己的孩子遠離賭博，不要想著錢從天而降，錢是要靠自己的頭腦和雙手去賺的。**永遠不要過於貪婪，好高騖遠，被金錢利益衝昏頭腦，去做超出自己承受範圍的投資。**一旦有這種行為，很可能陷入滿盤皆輸的境地。我們給孩子財商教育，目的不一定是要孩子賺大錢，但至少別害他們負債累累。

我們身邊有很多這樣的案例，例如二〇二〇年在中國曾經轟動一時的「星海灣一家三口墜海事件」，就是因為這家的男主人沒有足夠的財商頭腦，想靠投機賺錢而導致的悲劇。男主人大學畢業後一直沒去找正式工作，靠投資比特幣賺了不少錢，年紀輕輕就身價千萬，這讓他萌生無比自信，不僅把自己的全部資產投進去，還從親朋好友那裡集資想賺得更多。結果那段時間碰上比特幣暴跌，一夜之間負債累累，無力償還債務的他，親手殺死三歲的女兒，然後和妻子一起跳海自殺。多麼悲慘的故事！特別是那個三歲的小女孩何其無辜！如果這個爸爸能夠腳踏實地，見好就收，現在他們一家三口應該過著幸福快樂的日子。

投機取巧或許一時能賺到熱錢，但卻無法長久。真正的大富豪都不是靠著投機取巧、欺騙愚人的手段致富，因為他們知道這樣賺錢，自己的內心得不到安寧，而且靠投機得來的錢都留不久，總有一天得還回去。

用誠信贏得尊敬，讓顧客信心複利成長、轉化財富

猶太人在賺錢方面一直腳踏實地，堅持誠信賺錢，不靠欺騙的手段獲取財富，所以他們不僅能賺到錢，還能讓財富代代相傳。

猶太人把誠信視為經商的第一要務，喜歡堂堂正正賺錢，不走歪門邪道。猶太人之所以能夠獲得「世界第一商人」的稱號，很重要的一個原因就是他們重信守約，誠信經商，和猶太人做生意不用擔心被騙。他們嚴格遵守契約，內心有一套嚴以律己的準則，讓他們得到很多信任和尊敬，這其實也是一筆寶貴的無形資產。

中國有句古話叫作「君子愛財，取之有道」，跟猶太人的經商理念十分接近。這是老祖宗生活經驗和智慧的總結，但是現在仍有不少人被錢財迷惑了雙眼，迷失了內心，被

眼前一時的利益吸引，用投機取巧、詐騙愚人的手段獲取金錢，到最後通常都會落到全盤皆輸的境地。這些行騙牟利的人就是因為沒有堅守內心的原則，不顧及他人的感受，可以騙別人一時，卻騙不了一世。再高明的騙局都有被揭穿的一天，到那時候失去的不僅僅是金錢，還有他人的信任，甚至可能落到眾叛親離、孤立無援的下場。

猶太人重信守約，他們對於詐欺者的態度也很強硬，認為這樣的行為不可饒恕。如果你在和猶太人打交道的過程中企圖蒙騙對方，一旦被發現，你可能就會被列入黑名單，再也沒有合作機會。

在以色列生活的那些年，讓我的孩子們學會猶太人把錢養大的不二法訣：想要長久擁有財富，不能靠投機取巧，得靠腳踏實地的誠信經營。

我們剛回到中國時，整個經商環境還不是很成熟，有些人會鑽法律漏洞來賺錢，但是我兒子堅守住內心的道德底線，沒被眼前的暴利吸引。他從以色列買了一顆顆小鑽石回來中國賣，並沒有因為大家對鑽石不熟悉而以假亂真。貨真價實的好口碑，讓兒子很快擁有自己的忠實客戶，這些客戶又將他介紹給更多客戶，就這樣，兒子靠著誠信經營一步一步在上海的鑽石業站穩腳步，事業蒸蒸日上。試想如果兒子在從業之初，因為本錢不多而去賣假鑽石，那麼現在上海灘的鑽石業中，肯定沒有他的一席之地。

我很慶幸自己打從孩子年幼時就教導他們踏實賺錢，不能因為一時的投機能快速獲利，就放棄自己的誠信。我一直告訴他們：猶太商人之所以能稱霸全球、他們的財富之所以能夠代代相傳，就是因為他們堅守心中的原則。我的孩子們把話聽進去了，而且做到了，才獲得現在的成功。

用創意放大財富的「生活煉金術」

有些人可能會說自己的本錢太少，所以無力去創新，其實創意不一定要用最先進的技術，重點是想辦法了解消費者的需求。柴米油鹽中也可以提煉創意，畢竟那是最基本的生存要求。能讓大眾生活變得更好、更便利的點子，往往藏著無限商機。

猶太人賺錢腳踏實地，但是同時他們也非常善於利用自己的頭腦和創意賺錢。猶太人認為，好的創意可以讓一件商品的價格翻倍或者翻數十倍，甚至成千上萬倍，他們願意為此絞盡腦汁。

創意商機1 自由女神像的廢銅回春魔法

一個開銅器店的美國籍猶太父親問他的小孩：「一磅重的銅價是多少？」孩子回答：「三十五美分。」父親說：「對，整個德州都知道每磅銅的價格是三十五美分，但作為猶太人的兒子，應該說三十五美元。只要把一磅銅做成門把，它就能擁有這樣的價值。」

二十年後，這個父親去世了，小孩長大後繼續經營銅器店。

一九七四年，美國政府為了清理翻新自由女神像所產生的廢料，向社會廣泛招標，但沒人出價競標這堆垃圾。看到自由女神像底下堆積如山的銅塊、螺絲和木料後，這個年輕人未提任何條件，當場簽字收購。很多人笑他買了一堆無用的垃圾，覺得他這個舉動很愚蠢。但是誰也沒想到，這個年輕人竟然把這些不值錢的東西，變成了大發利市的商品：

第一步，他把廢銅熔化，鑄成小自由女神像，再用水泥塊和木頭加工成底座，製成搶手的紀念品。

第二步，把廢鉛、廢鋁做成紐約廣場樣式的鑰匙。

第三步，把從自由女神像身上掃下的塵土包裝起來，出售給花店……。

這個年輕人讓這堆廢料轉化為三百五十萬美元現金的大生意，讓每磅銅的價格翻了整整一萬倍，當初嘲笑他的人都跌破眼鏡。紐約州的垃圾讓他揚名立萬，他將這一切都歸功於他父親從小對他灌輸的財商觀念：**創意是一種財富。**

創意商機 2 巧克力春捲的甜鹹交響曲

我的孩子們在以色列生活時，耳濡目染慢慢領會了猶太人財商的精髓，在春捲生意中不斷思考、不斷想辦法，靠自己的創新和創意提高收入。

小兒子建議我在傳統春捲的基礎上改良口味，滿足不同顧客的需求，因此我們研發了咖哩、辣味、巧克力等多種口味，果然受到顧客的歡迎。大兒子想出在學校舉辦「走進中國」的講座來介紹中國文化，順便推銷春捲的點子，而那次講座確實引起了以色列同學對中國文化的興趣，大大促進了春捲的銷量。

之後，孩子們仍不時想出一些點子來提高春捲的銷量。**一旦做生意成為了日常的一部分，發揮商業頭腦也成為他們生活的本能。**體驗「不勞無獲」、參與我的春捲事業，成為我訓練孩子徹底了解以色列財商的工具，這真是我始料未及的收穫。不需要我去教他們，孩子就會自己去想各種辦法去提高收入。

創意商機3 向脆弱心靈伸出援手的「椰菜娃娃」

我曾跟孩子們分享過以下這則「椰菜娃娃」（Cabbage Patch Kids）的研發故事，這就是用創意締造成功的真實案例。

美國奧爾康玩具公司（Original Appalachian Artworks, Inc.）曾經陷入經營困難，面臨倒閉，但是總經理羅伯茲（Xavier Roberts）的一個創意，讓公司起死回生，迅速在玩具市場搶占一席之地，甚至吸引人們在耶誕節前後的寒風中大排長龍，就只為了領養椰菜娃娃。玩偶娃娃是很常見的玩具，那麼椰菜娃娃到底有什麼魅力呢？

羅伯茲關注到當時社會上的「家庭危機」現象，父母離異造成很多孩子的心靈創傷，而不能撫養孩子的一方也失去了感情依託，於是，他決定做一款逼真的嬰兒玩偶。這些椰菜娃娃供人們「領養」，擁有不同的髮型、髮色、容貌、服飾等。為了讓玩偶更逼真，每個娃娃身上都附有出生證明、姓名、腳印，臀部還蓋有「接生人員」的印章。「領養」娃娃時，「領養人」還要簽署領養證明，玩具公司甚至舉行椰菜娃娃的「集體領養見證儀式」，這一系列舉動建立了購買者和玩偶之間的情感連結，也讓這個玩偶的身價高於普通玩偶。

察覺到顧客的情感需求，羅伯茲又做了一系列創造性的決定，在美國各地開設了「椰菜娃娃醫院」，公司員工扮成醫生及護理師，剛誕生的椰菜娃娃就放在搖籃裡等待「領養」。玩具公司還為椰菜娃娃建立生日檔案，每逢椰菜娃娃的生日，就會收到玩具公司的賀卡。另外，這個公司還開拓業務，生產與椰菜娃娃相關的商品，比如玩偶用的床單、尿布、推車、背包、玩具等等。這些創新讓這家玩具公司賺取了高額的利潤，從破產邊緣起死回生。

「解決難題」的渴望，是創新的最大推手

思路決定出路，這就是創意的力量。好的創意能讓財富翻倍。財商高的人之所以能夠

源源不斷創造財富，就是因為他們善於動腦，不固化思維，時時突破自己的思路。開拓思維、調整思路，才會萌生出新點子，發現新商機，創造新商機。

人類的物質和精神需求是永不滿足的，而且這種需求不會一成不變，而是不斷發展、不斷提升，推動社會發展的進步。作為商家，唯有絞盡腦汁以優換劣、以新換舊，才能不斷滿足消費者的新需求。

我很喜歡一句話：「如果你想要迅速致富，那麼你最好去找一條捷徑，別在擁擠的人群中摩肩接踵。」靠自己的創意做潮流的引領者，才有可能把握先機搶占市場，在別人後面亦步亦趨就只能撿別人剩下的。

有些人可能會說自己的本錢太少，所以無力去創新。**其實創意不一定要用最先進的技術，重點是想辦法了解消費者的需求，柴米油鹽中也可以提煉創意。**從日常生活發現創意，抓住商機，也是大有可為的，畢竟那是最基本的生存要求。因此能讓大眾生活變得更好、更便利的點子，往往隱藏無限商機。

猶太商人賺錢有一條黃金法則是「瞄準人們的嘴巴」，意思就是做跟吃有關的生意，因為人活在世上，吃是最基本的需求。現在受網購影響，很多實體店鋪的生意一落千丈，但是餐飲業和教育培訓班依然暢旺。別小看與日常生活相關的小生意，也不要認為日常生活很難創新。我們能擁有現在的生活，就是先人前輩們一次次創新的累積。

有財商頭腦的人，都善於觀察分析消費者的欲望，同時還善於開發消費者的欲望，在

沒有需求的地方創造需求。像女性皮包的最初用途只是裝東西，但是現在皮包對於很多人，特別是對女性來說，已經不單純是收納的工具了，而是身分、地位的象徵。我們暫且不論這種攀比行為好不好，但是就「創造需求」這點而言，皮包和身分地位的關聯並不是一開始就存在的，而是某個商人抓住消費者心理將需求創造出來，把皮包分成不同等級，推出限量版滿足部分人的虛榮心，讓他們願意為之買單，於是某些皮包的價格就遠遠高於它本身的價值。

有財商頭腦的人，還善於發現問題、解決問題，而**解決問題的過程中就蘊藏創新的機會。**美國人吉姆．瑞德（Jim Reid）的高爾夫球回收公司的創立，是源自他有一次看到球手的球掉進湖裡，一時衝動跳入湖中撿球，卻意外發現湖底滿是高爾夫球。於是他靈機一動，請人打撈起這些球，洗刷乾淨，晾乾，再噴漆出售。獲得高額收入後，瑞德成立了高爾夫球回收公司，年收入近千萬美金。

商機無處不在，有財商頭腦的人能利用創意讓財富翻倍。父母只有從小培養孩子的財商頭腦和創新思維，才能抓住機會。

猶太媽媽的財商金鑰

鍛鍊思路、突破框架的「腦力激盪遊戲」

創意是能藉由訓練激發出來的。養成頭腦快速運轉的習慣，創意就會愈來愈多。「腦力激盪」（Brainstorming）是指一群人圍繞一個特定領域展開討論，迅速動腦搜求各種方法來解決問題的情境，父母能藉由這個遊戲訓練孩子的創新思維！

遊戲流程：

大約五人為一組，選一樣物品讓各組分別討論，在一分鐘內盡可能想出所選物品的用途，最後與其他小組一起分享。想出最多用途或者想法最奇特的小組獲勝。

規則：

❶ 禁止批評，鼓勵發散式思考。只要想得到，不用管可不可行。

❷ 歡迎希奇古怪的想法！想法愈奇特，獲勝的可能性愈大。

❸ 一定要有分享和討論環節，因為要把大家的點子匯集起來，進行重組和改進，看看會出現什麼新創意。

從小學投資，讓資產跟孩子一起茁壯

如果只會把賺到的錢放進口袋或者鎖進保險箱，是沒有辦法讓錢變多的，通貨膨脹還會讓錢縮水。我們要讓孩子知道，若想讓手中擁有的錢變得更多，就要學會讓「小錢」滾出「大錢」。

「怎麼做才能擁有更多錢？」這大概是很多孩子甚至大人常常會問的問題。

首先，我們要讓孩子知道工作是可以賺錢的，而且不同工作有不同的報酬。如果想靠工作獲取更多錢與機會，就必須先充實自己，要比別人擁有更豐沛、市場上更稀缺的知識與才能。

這就是我不論家境貧富，都堅持孩子不能放棄學業的原因。一個人想賺更多的錢，自身一定要累積才能。猶太人和華人一樣，堅持「活到老，學到老」的精神，也正是因為不斷學習，我們才能擁有長久的活力和創造力。

其次，我們要讓孩子知道，如果想讓手中擁有的錢變得更多，就要學會投資理財。**如果只會把賺到的錢放進口袋或者鎖進保險箱，是沒有辦法讓錢變多的，通貨膨脹還會讓錢縮水。**讓錢流通，才能使金錢發揮更大的價值。

猶太人具有強烈的投資理財觀念，他們憑藉過人的膽識、從容的風險意識，知難而上，獲得了出人意料的成功。

眾所周知，猶太民族是個歷經苦難的民族，雖然也曾窮困潦倒，但是他們憑自己的力量重新站起來，而且成為世界上最會賺錢的民族。這就得益於他們的投資理財意識，讓他們即使在艱難的處境中，也能發現機會。

把錢放對地方，讓資產快速成長
——犧牲一顆蘋果建立的飯店王國

希爾頓酒店（Hilton Hotels & Resorts）的據點遍及全球，但你知道嗎？它的創始人其實是白手起家。

希爾頓酒店的創始人康拉德·希爾頓（Conrad Nicholson Hilton）出生在美國一個富裕的商人家庭，但是在他二十歲那年，美國發生了嚴重的經濟危機，他在一夜之間變得一無所有。

有一天，飢腸轆轆的他在達拉斯市街頭撿到一顆紅蘋果，他想：這也許是上天送給我的早餐吧。正想大咬一口，可是又捨不得，想說還是留到最關鍵的時刻再吃。最後他並沒有吃下那顆蘋果，而是用蘋果跟一個小男孩換了一枝色筆、十張繪畫用的硬紙板。然後他把紙板做成了陽春的接站牌，以單個一美元的價格售出。

兩個月後，他用販售接站牌賺到的錢，製作了更精美的迎賓牌，還雇了三個人當他的助手。一年後，他的存摺上有了五千美元的存款，可是希爾頓仍然不滿足。一次偶然的機會，他發現整個達拉斯商業區僅有一家飯店。他想，如果在黃金地段建一家高級的大型飯店肯定很賺錢。於是，他請來建築設計師和房地產估價師，給他設想的旅館測算，結論是至少需要一百萬美元的資金！

這數字與他五千美元的存款相差甚遠。但希爾頓沒有氣餒，用手中的五千美元先買了一間郊區小旅館。後來，他就有了五萬美元盈利，然後請朋友一起出資，兩人湊了十萬美元，開始建設他理想中的飯店。

希爾頓以每年三萬美元租金租下了達拉斯商業區某個三角窗地點，又說服這塊地的主人把土地作為抵押物從銀行貸到了三十萬美元，加上原有的七萬美元，就有了三十七萬美元。這筆資金距離一百萬美元還是相差甚大，於是他又找到一個富翁，希望和他一起建造這個飯店。這個富翁同意出資二十萬美元入股，這樣資金就達到了五十七萬美元。

當工程建到一半時，這五十七萬美元已經全數用完，希爾頓又找上這塊地的地主，說服他出資把建了一半的飯店繼續完成。他對這個地主說：「飯店一完工，你就可以完完全全擁有它，不過你得租給我經營，我每年付給你十萬美元租金。」

一九二五年八月四日，飯店建成，這就是著名的達拉斯「希爾頓酒店」。建造這個大飯店的年輕人就是後來聞名全球的康拉德．希爾頓。他創立的希爾頓酒店集團，在世界各國擁有數百家據點，資產總額達七億多美元。

從撿到一顆蘋果到擁有七億美元的資產，這筆巨額財富的累積，希爾頓僅用了十七年時間。如果當時希爾頓撿到蘋果就直接吃了，而沒有想辦法把蘋果變成錢，也許現在就沒有希爾頓酒店了。

這就是投資，把一點一滴的小錢變成大錢。擁有投資頭腦，即使在困境中也有辦法逆襲。父母要從小培養孩子的投資意識，讓孩子知道**投資不是有錢人的專利，普通人也可以拿出一部分錢去做投資，讓錢生錢**。但是同時也要讓孩子知道投資有風險，所以不能投機取巧，不能豪賭，不要想著一夜暴富。投資需要規畫，不僅要思考投資的項目或領域，也不能把雞蛋全放在同個籃子裡，而且不能把所有錢都拿去投資，否則這就不算理性投資，而是賭徒的心態。

四帳戶分散風險，構築穩健的財富堡壘

現在大多中國父母的投資意識仍屬薄弱，尤其是經歷過股市的動盪，很怕自己的錢拿去投資會有去無回。雖然說所有投資都是有風險的，而且一般來說收益愈大，風險愈大，但若能增加些投資理財方面的知識、多累積經驗、關注相關行業資訊、蒐集你感興趣的

公司的資訊，那麼投資時就可以相對規避些風險。另外，**投資人要盡量保持平常心，別受金錢波動控制**。要知道投資盈虧都是正常的，成功時不躁進，失敗時別一蹶不振，才能夠理性規畫投資。

投資的方式有各式各樣，沒有絕對好的，也沒有絕對不好的。根據自己家庭的實際情況規畫適合自己的投資方式，才是最理想的。

關於家庭資產配置，美國標準普爾公司（Standard & Poor's）曾調查研究全球十萬個資產穩健增長的家庭，分析他們的家庭理財方式，歸納出「標準普爾家庭資產象限圖」。它把家庭資產分為四個帳戶：

第一個是現金帳戶，即日常消費要花的錢，占比約一〇％；

第二個是保障帳戶，即應付意外事故的保命錢，占比約二〇％；

第三個是投資收益帳戶，用於股票、基金、房地產等風險較高投資項目的資金，即生錢的錢，占比約三〇％；

第四個是長期收益帳戶，即保本升值的錢，占比約四〇％。

只有擁有這四個帳戶，按照相應比例進行分配，才能保證家庭資產長期穩健增長。

理財重點1 及早規畫保險，用小錢織出最大防護網

我來到以色列的第一項投資是買保險。為什麼呢？因為當時我一個人帶著三個孩子到了一個陌生的地方，我就想到，萬一自己發生什麼意外，三個孩子要怎麼生活？對我來說，「保險」就是現在投資一定的金錢，為自己和家庭的未來買保障。很多人可能會問，為什麼要對自己做這麼不吉利的猜測，但我們不可否認的是，人生總有意外，誰也不知道明天和意外哪個先來。作為一個母親，我不管在什麼情況下最先想到的都是自己的孩子，我必須給他們的未來一個保障，於是我想到了買保險。

根據我家的實際情況，我當時買的險種是萬一我發生意外，保險公司會撫養我的孩子到十八歲；如果沒有發生意外，到了一定年限會開始返還部分的錢。當時我們在以色列無依無靠，這是在我的條件允許範圍內，可以給孩子未來爭取到的最大保障。

我也建議家長在能力範圍內為孩子買保險，至於具體買什麼險種、買多少錢的保額，則要根據自己的家庭狀況判斷，沒有統一的標準。現在市面上的保險產品很多，裡面的陷阱也不少，選擇的時候一定要睜大眼睛，或是諮詢專家意見。

不過，**保險的目的重在為未來做保障，不要發生意外才是萬幸，所以不該把保險視為獲利工具。**

理財重點2 股票債券攻守交替，打造理性投資步調

許多人想用閒錢投資股票，但股市的跌宕起伏激烈，高收益也伴隨高風險，切記不能把家庭的所有資產都投放於股市，就算是在情形一片大好的環境下，也要守住底線，不要衝過頭。另外，在進入股市之前，一定要先做好心理建設，不論賺和虧都要用平靜的心態去接受，必要時甚至應該尋求心理協助。社會上因為炒股失敗，導致負債甚至自殺的事件不在少數，為了避免這種情況發生，盡量把家庭資產分類處理，除了日常花費部分和投資，還要存一部分錢以備家庭不時之需。

如果將家庭資產扣除必要開支，在確定不會影響當前或未來家庭生活的情況下，仍有閒錢想進行投資，除了股票還可以考慮基金、期貨、債券等。但是仍要切記，獲益愈高風險就愈高，**做任何投資前都要慎重評估自身的風險承受能力。**

每種理財方式都有自己的特點，我對孩子的要求就是要把資金做好規畫：一部分用於生活，一部分用於學習，一部分用於理財。在理財方面，除了一定要有銀行存款，還要有保險以備不時之需，其餘的錢則可以進行一些風險高的投資。

「以錢滾錢」是讓自己財富快速增長的有效方式之一，很難有人能抵擋這種誘惑。但我還是得再次提醒大家，投資是有風險的，所以一定要合理投資，把確保家庭穩定放在首位，拒絕一夜暴富的賭徒心態。

猶太媽媽的財商金鑰

猶太人的十大投資法則

❶ 了解金錢的價值與意義。
❷ 合理安排消費和投資的比例。
❸ 主動尋找機會。
❹ 調整自己的投資心態，能夠接受過程中的起伏變化。
❺ 先了解產品再做決定，不盲目投資。
❻ 善於利用各種資訊和資源。
❼ 盡可能減少投資成本。
❽ 投資多樣化，不要只盯著一個產品。
❾ 根據實際情況靈活調整投資方案，不要一成不變。
❿ 投資過程中如發現錯誤，要及時承認並改進。

PART

4

用高EQ賺進幸福

——打造正確心態，享受真正的財富自由

追求財富的終極目標是為了獲得幸福，若是建立正確心態就能事半功倍，用少少的錢放大幸福感。財商（FQ）與情商（EQ）息息相關，理財知識再加上待人處事的高情商，才能讓好機會跟好人脈都搶著靠近你，加速財富累積的速度。

本章中，猶太媽媽沙拉不只聚焦童年，而是縱觀孩子的一生，來談面對財富所需的正確心態。藉助情商的智慧，我們才能在事業與生活間取得完美的幸福平衡，讓財富之路走得更遠、更順遂。

寬恕缺憾，讓孩子在財富路上走更遠

我在兒童理財節目講評提到這孩子時，他的母親在台下摀著嘴哭了。這樣苛求完美的孩子，他自己累，家長更累。我打零分是想告訴這孩子，要學會放鬆、學會寬容、學會理解別人、學會原諒自己。

前面我們講了那麼多跟錢有關的事情，像是什麼是錢、如何賺錢、如何存錢、如何花錢……，大家可能覺得談財商就是在談錢，但這種說法其實過於局限。**財商是一種對人生綜合資源的管理能力，是一種掌控和駕馭資源的能力。財商不僅包括金錢，更包括了健康、事業、人際關係和幸福感等。**

財商教育不僅會教你怎樣擁有金錢，也會教你一種能夠在任何社會環境中獨立生存的能力，這是影響孩子一生的思維方式。

我重視孩子的財商，同時也特別關注他們的情商。在我看來，情商高的人才有可能擁有高財商。

近年來不少電視台有專門的理財節目，我也有幸多次擔任兒童財商節目的評審。我印象最深刻的經驗，是某次參加上海第一財經台的《財商童星》節目，當天考驗孩子理財規畫的題目是：如果爸媽給你四百萬，你打算怎麼使用這筆錢？想要投資哪個領域？資產要如何安排？

現場是小學和國中的兩隊菁英在比賽，一共有十個學生參賽。這些孩子雖然年紀輕輕，言談的內容卻非常豐富。

一個孩子說自己要用一部分錢投資農業，他認為民以食為天，吃的東西永遠不會被淘汰；有個孩子說要投資醫藥，但明確表示並非將資金挹注在藥品研發，而是去尋找良藥，以團購形式優惠賣給有需要的人；還有個孩子說自己會看股票行情，想拿出一百萬買股票，另外保留一些錢做自己的教育基金，這樣日後去留學時錢才夠……。十個孩子談了十種「假設自己有四百萬」的分配方案，孩子們各自不同的想法都很有意思。

作為評審，我聽了之後很感慨。我很高興，當這些孩子想到自己手中有錢時，首先考慮的是如何在安全的情況下進行投資，我在他們的談吐中感受到他們的安心。財富有時會帶給我們刺激感，有時也會賦予我們安全感。

捨棄完美，才有餘裕裝進更多幸福

我覺得這些孩子都很聰明，也很好學，小小年紀便能在台上條理清晰地闡述自己的觀點。每個孩子都提出了不同的理財規畫，這是因為每個人的成長環境不同，需求也不同，才會有如此繽紛多彩的答案。同時，當孩子們分享個人理財想法的時候，我們可以看出他是個怎樣的人。**財商、智商、情商是相輔相成的，都是組成價值觀的重要成分。展現財商時，其實也是展現智商與情商的修養。**

這場比賽的過程中發生了一點小意外。這十個孩子的名字裡，有的字比較生僻，主持人在介紹選手時，把六號小選手的名字念錯了，但是序號是對的。六號小朋友上台後，看了一下主持人，一言不發。

主持人說：「六號小朋友，請先自我介紹一下。」

這個小朋友沒有開始自我介紹，而是對著主持人說：「我的名字一共三個字，你讀錯了兩個。」全場一下子鴉雀無聲。

主持人連忙致歉：「對不起、對不起，昨天晚上太晚拿到稿子了。」主持人道了歉，但一時還是沒想到這孩子的名字應該怎麼讀。六號小朋友就一直盯著主持人不說話，台上出現了短暫的僵持，直到主持人說對他的名字，他才繃著臉回頭面對評審和觀眾，開始他的介紹。

你覺得這個孩子有財商頭腦嗎？一個沒有情商的人，怎麼可能有財商頭腦？即使擁有再多理財知識，卻不懂待人接物，還有人願意和他做生意嗎？

其實，這個孩子的資金安排和計畫非常縝密，講得有理有據，也有其他評審給了很高分，但我卻給了他零分。因為我認為，我們做的雖然是財商節目，但是如果連最基本的禮貌都做不到，在大庭廣眾下為了完美主義而得理不饒人，日後也不會有人願意跟他做大生意。

我給了零分的那個孩子，在學校應該是個成績很好的「學霸」，追求完美，自我要求非常苛刻。我在台上講評提到這孩子的時候，台下有個人摀著嘴哭了，那個人就是這孩子的媽媽，我說的每一點都說到了她的心坎裡。

一個人不可能十全十美，這世界上也沒有完美的人。這樣苛求完美的孩子，他自己累，家長更累。我給這個孩子打零分，是想告訴他，他在這個世上還有很多事情要學。就算他的成績永遠是班裡的第一名，但如果他不懂得設身處地為別人著想，不知道寬容對待他人，他就不應該是第一名。從小斤斤計較的孩子，日後是不會有大作為的，**過度追求完美反而侷限孩子的長期成長。**

節目結束後，他的媽媽來找我，跟我說：「你比我還要了解我的孩子。」她也同意我的觀點，關於財富的安排，她的兒子講得頭頭是道，但是過於鑽牛角尖。人若是過於鑽牛角尖就很容易走向失控，換句話說，他會禁不起挫折，一旦失敗就會一蹶不振。這次我給他零分，相當於給他敲了一記警鐘，讓他學會放鬆，學會寬容，學會理解別人，學會原諒自己。

後來，那個孩子也來到我身邊，他告訴我：「因為我的固執，我沒拿到第一名。但我現在明白名次其實不重要，我已經學會您告訴我的道理了。」我不知道他離開節目後是如何改變待人處事的態度，但我很開心，這個孩子能說出這番話，就證明他意識到了自己的問題。

重視團隊精神與自身健康，讓財富細水長流

財富不是洪水猛獸，是可以拿出來討論的。我建議學校開設金融素養的課程，讓孩子討論自己對財富的理解和安排，例如：「假如我有一百萬，我會怎樣規畫？」，這能激發每個孩子的想像力和財富頭腦。如果孩子對財富規畫感興趣，願意付出努力去學習更多這方面的知識，未來甚至可以考取證照成為一名理財顧問。如果孩子對財富有更全面、更深刻的認識，就會明白「一夜暴富」的願望是多麼不切實際，面對賭博這種賺快錢的投機方式也能夠抵抗誘惑。

從一場關於財富的討論，我們可以看出一個人財商、智商、情商各方面的發展。父母在費盡心思提升孩子的財商時，一定要記住：情商是財商不可或缺的基礎。孩子要學習財商，首先要學會做人。能夠和他人融洽相處的人，才有資格談財商。如果一個孩子從小不尊重他人、不體諒他人、缺乏責任心，試想財富到了這種人手裡，最終會變成什麼模樣？

進行財商教育，我們不該把目光局限在財富上，而是要把目標設為讓孩子成為一個值

得擁有財富的人。要知道，財富只是一種工具，一種讓我們能幸福生活的工具。財商教育其中一項重要目標，就是讓孩子擁有獨立幸福生活的能力。一般來說，情商高的人更容易獲得幸福，這也是我在進行財商教育的過程中，一直強調情商的原因之一。

我和孩子談財商時，還經常強調「**團隊精神**」。團隊精神其實也是財商的一環。我帶孩子看足球賽的時候，會讓他們把注意力放在團隊精神上，而不是關注由誰起腳射門。因為一個球隊想贏球，僅靠一個人是不夠的，就算再有本事，如果沒人把球傳給他，球員也無法射門。累積財富也是一樣，需要團隊合作，靠單槍匹馬很難長久。

我一直認為財富的最後歸屬，是家庭，也是社會。一個人也許可以走得快，但是一群人才能走得遠，如果我們想要財富之路長遠，就必須有個穩定融洽的團隊。所以我會告訴孩子，日常生活中與人相處也是財商的一部分，不管做什麼事，都不能只關注自己的利益，而要關注所在團隊的整體利益，這樣才能擁有一個凝聚力強的團隊。

此外，我也常常告訴孩子，健康永遠是第一位的。如果沒有健康的身體，其他一切都是泡影。現在社會競爭壓力愈來愈大，很多人以自己的健康為代價去追逐金錢，這是本末倒置。記得某大型網路企業員工深夜加班猝死的事件，在網路上引發了激烈討論。如果以透支身體甚至自己的生命為代價，賺了錢有什麼用？我們追求的不是一時賺錢，而是長久擁有金錢，健康的身體是重中之重。

生活中還有很多方面都與財商有著或緊或鬆的關聯，比如信用、尊重、感恩等。父母為孩子進行財商教育的時候，切記不能單純談「錢」。財商教育不是單純關於如何賺大錢、發大財的教育，而是關於如何擁有財富、使用財富的教育，更是一門如何最大化利用自己現有的資源和能力去獨立生存、創造幸福的教育。

猶太媽媽的財商金鑰

讓銀行信任你
——提高個人信用評分的五個祕訣

「個人信用評分」代表一個人與金融機構間發生過的信用往來紀錄，有時也稱為「聯徵分數」。個人信用評分愈高，在辦理信用卡、銀行貸款時就更容易成功。那麼該怎麼做才能提高自己的信用評分呢？

❶ **及時還款。**每個月的信用卡卡費要準時繳納，至少支付最低還款金額，可以展現出持卡人良好的信用紀錄。

❷ **盡量每月全額還款。**如果沒繳清卡費，將以循環利率計算利息。銀行個人信用評分很大程度上是基於持卡人的循環債務情況。一般來說，循環債務愈小，銀行個人信用評分愈高。

❸ **萬一逾期，電話溝通補救。**跟銀行客服確認需補繳金額、補繳轉帳的帳號等

等。最後記得跟客服確認，補繳完成後是否會留下遲繳紀錄，影響聯徵中心的信用評分。

❹ **特殊情況時，巧用分期付款。**如果某個月手頭較緊無法還全款，可以辦理信用卡現金分期或帳單分期，給銀行一筆「手續費」，藉此提高銀行對你的「印象分」。

❺ **設定自動扣繳，多查紀錄。**很多時候，以上這些信用問題不是沒錢解決，而是錯過了解決時間。申請信用卡帳單自動扣繳，另外平時要抽檢自己的還款紀錄，一旦發現遺漏才能及時處理。

掌握幸福五要素，延長快樂的保存期限

心理學家將幸福的要素分為以下五種：積極正向的情緒、全心投入的程度、良好的人際關係、生命的意義、成就感。這些指標說明，幸福感與我們的精神世界具有強大的連結，個人心態比起物質享受更能左右我們的幸福感。

我一直認為金錢和幸福之間有著千絲萬縷的關聯，想藉由賺更多錢來達到更高的生活水準和更自主的生活模式，這樣的想法是無可厚非的。我經常不避諱地告訴別人，我就是要努力賺錢讓我們家生活得更好，而且我也確實做到了。我想這是因為我骨子裡有猶太人的基因，讓我敢於追求金錢。

想讓生活過更好，賺錢是條重要的途徑。也許這世上有真正安貧樂道的人，但肯定是少數，絕大多數的人想獲得生活幸福，仍須具備一定的經濟基礎，因為我們生活在這個世界上，大多數的東西都是有標價的。食衣住行，樣樣要花錢，如果有孩子，生活花費會更大。如果沒錢支付生活必需的開銷，每天為這件事而煩惱，幸福指數肯定會降低，「貧賤夫妻百事哀」就是這個意思。所以為了能讓自己、讓家人生活得更好，努力賺錢是必要的。

錢可以讓我們買到很多東西，比如好玩的玩具、美味的食物、有趣的圖書等等，錢可以讓我們住上大房子，讓我們常常外出旅行，這就是人們常說的「錢不是萬能，但是沒有錢萬萬不能」。我們的日常生活的確離不開錢，不過，這個世界上還有很多東西是金錢買不到的，比如父母的愛、友情、健康、學識和智慧。

再問一次，你的心到底要什麼？——擇你所愛、愛你所擇，擴充幸福額度

我們要告訴孩子，如果將來賺到錢，卻沒有賺到幸福，那麼一切都是枉然的。幸福感的建立需要一定的經濟基礎。在一定範圍內，幸福感會隨著收入的增加而提升。我們需要用錢滿足基本的生活需求，錢也能為我們解決生活中的部分問題。

那是不是可以說，擁有的錢愈多，就愈幸福？沒有錢，就不能擁有幸福的生活？

並不是。幸福感的組成因素有很多。美國著名心理學家馬汀・塞利格曼（Martin Seligman）鑽研「幸福」多年，**將幸福的要素分為以下五種：積極正向的情緒、全心投入的程度、良好的人際關係、生命的意義、成就感**。這些指標告訴我們，幸福感與我們的精神世界具有強大的連結，物質面的追求對幸福感的影響反而沒有我們以為的那麼直接、那麼巨大。相對來說，幸福感受社會形勢和個人心態的影響比較大。

二〇二〇年度的聯合國「全球幸福感調查報告」顯示，與二〇一九年相比，人們的幸福感更主要來自人際關係與個人的健康和安全。在調查所提供的二十九個幸福感來源的選項中，五五％的受訪者選擇了身體健康。我想這是因為二〇二〇年新冠病毒肆虐全球，讓大家對健康加倍看重。在病毒面前，不管你是富有還是貧窮，都有可能染疫，病毒不會因為誰有錢就放過誰。這種大形勢之下，健康肯定比金錢更讓人感到幸福。所以，我們不要一味地迷戀金錢。

事實上，如果過分追逐金錢，反而可能損害幸福。我有個朋友，他曾經一心為了賺錢，忽視了自己的健康，身體搞得一塌糊塗。他同時也忽視了家人，最後妻子和他離婚，孩子也不跟他親近。有一次，他滿臉困惑地問我：「我盡心盡力賺錢，想讓家人過上更好的日子，我有錯嗎？為什麼他們都不理解我？」我告訴他，想讓家人過上好日子，這想法是沒有錯的，但是方法錯了。**讓家人幸福的方式，不僅僅是提供金錢，更多時候，家人需要的是陪伴和愛。**我和我的孩子們也經歷過沒錢的日子，但是我們並沒有覺得苦，仍然能感受到幸福，因為我作為媽媽一直關愛著他們，而且會讓他們感受到我的關愛。正因為在家庭中感受到愛，所以我的孩子們也愛我，他們之間也相處融洽，極少爭搶，即便我們生活拮据，還能過著幸福的生活。

如果有了金錢，但是家庭不和睦、每天爭吵不休，或是為了賺錢，都沒有和家人相處的時間，這樣真的會幸福嗎？

猶太父母這樣做

追求財富量力而爲，找到金錢與幸福的完美平衡

說到底，金錢只是工具，幸福感主要源於自己的內心。不管富有還是貧窮，如果能讓內心感受到滿足，就能守住幸福。

猶太人在這方面做得很好，他們追求財富，但在特殊時期也能夠安於貧窮，且不放棄自己的追求；在有錢的時候，他們會合理使用，不會揮霍無度。所以猶太人容易獲得幸福，因為他們知道如何拿捏分寸，勇於做出取捨。

猶太人愛錢，但是他們也愛自己的家庭，不會因為賺錢而忽視家人。我在以色列的時候，不管是我的好友還是鄰居，每週都至少會有一天是家庭日。他們熱愛生活，珍惜健康，重視友情，追求獨立，並非只關注賺錢一件事。

那麼，到底怎樣才能讓孩子學會「賺」幸福，既擁有財富又擁有幸福呢？關於這點，我們可以向猶太人取經。

首先，**確立正確心態，不要成為金錢的奴隸**。當你合理支配金錢、使用金錢的時候，你就是金錢的主人；當你只是為了錢而忙碌，忽視了自己的生活樂趣，就會成為金錢的奴隸。把金錢視為一個工具，該賺的賺，該花的花，做好取捨，不要被錢蒙蔽雙眼，其實很多時候幸福就在身邊，與金錢利益無關。

其次，**別去追求過於奢侈的生活**。這一點要特別提醒家長，現在普遍的生活環境很好

了，但是家長千萬不要過度滿足孩子的需求。很多時候孩子並不知道自己真正想要的是什麼，有些需求僅僅是來自同伴之間的攀比。現在流行汰換的速度愈來愈快，家長如果一味滿足孩子的需求，就會發現那是一個永遠無法填補的黑洞，而且孩子也會變得過於重視物質，失去對自己的內心以及身邊親朋好友的關注。他們會形成一個錯誤的觀念：擁有的金錢愈多、買的東西愈多，就愈快樂。導致孩子在成年後，仍不斷追逐金錢和各種物質，無法觸及真正的幸福。

再來，要懂得**為家庭財產制定理財規畫**。想要同時擁有金錢和幸福，這一點非常重要。我在前面的章節也提到過，一個家庭的資產要有一部分用於生活支出，一部分用於教育（包括孩子的教育和家長的自我成長），還要有一部分用於儲蓄以備不時之需，另外一部分用於投資，讓自己的錢有升值的機會。

最後，想要擁有幸福的生活，心態很重要：不要嫉妒別人比我們有錢。一旦嫉妒，人就很容易做出一些不合理的行為，比如投機取巧想一夜暴富之類，這很容易害自己轉瞬間變得一無所有。**在自己的經濟實力基礎上去追求金錢、消費金錢，不和別人比較，這樣會大大提升你的幸福感**。

另外，要不時審視自己的金錢觀和幸福觀，了解自己快樂的來源，這樣你對金錢和幸福之間的平衡掌握也能愈來愈好。

猶太媽媽的財商金鑰

計算商品的「幸福價格」

現代社會物質豐富，商家各種宣傳手段和周圍人的刺激，總是會讓人不由自主買入我們並不需要的東西。怎樣才能確定想買的東西是不是真的需要呢？我們可以計算商品的「幸福價格」。

「幸福價格」並不是指幸福可以標價出售，而是計算一件商品可以帶給我們多少幸福感。購物前，想想這件商品可以讓你感到幸福的程度，如果滿分是五分，你給這個商品幾分？用商品的總價除以幸福分值，你就可以算出商品的「幸福價格」。當你在兩件商品中搖擺不定時，可以試著計算「幸福價格」來作為參考。

知識是零風險的終身投資

逃命時，能夠帶走的不是錢，不是寶石，而是智慧。
所以猶太人即使經歷流亡，也能迅速東山再起、重獲財富。
猶太人認為：不要過早讓孩子享受，
而是要給他們好的教育、生存的智慧。

猶太人非常重視知識和智慧，大部分猶太父母都會問他們的孩子：「如果遭到歹徒襲擊或遇到危難，你會帶著什麼東西一起逃走？」

對於這個問題，回答「錢」或「寶石」都是不對的，因為無論是錢還是寶石，一旦被奪走就完全失去了，所以正確的答案是「智慧」。猶太父母是想用這個問題告訴孩子：寶石、金錢都可能被人奪走，或是被丟掉，但是智慧是一個人永恆的財富，它會永遠跟著你，可以讓你帶著走，讓你到了任何地方都能東山再起。

猶太人十分重視教育，因為教育可以提升人的知識及智慧，這些是別人搶不走的能力。猶太人的教育注重實用性，老師們講課時，即使是深奧的理論，也會扣緊生活經驗說明，讓人容易理解。我的孩子們很喜歡以色列的教育，他們覺得老師授課的內容很實用，能學到非常務實的生存技術。當我聽到孩子們的回饋時，我就更確定了：**不要過早**

讓孩子享受，而是要給他們好的教育、生存的智慧！逃命時，能夠帶走的不是錢、寶石，而是智慧！事實確實如此。房子再多，遇到經濟大蕭條或天災人禍，就等於零。

猶太人愛分惜秒，善用時間醞釀財富最大值

財富有很多種形式，中文常用「時間就是金錢，知識就是力量」來強調時間和知識的可貴，卻總是被我們視為一句口號，來激勵大家珍惜時間、努力學習科學與文化知識。可是在以色列，我卻實實在在體會到「時間、知識、智慧」都是可以轉化為財富的。

有一次，我想要一捲錄音帶，但是不想跑到離家很遠的唱片行買，就拜託一個開文具店的鄰居幫我燒錄一份。鄰居一口答應後，很快就把錄音帶燒錄好拿給我，但同時他開口跟我要了一筆費用。我真的嚇了一大跳，因為他開的費用，比我跑去買全新的錄音帶價格還要高。我買一卷錄音帶只要五謝克爾，但他跟我要的費用是二十五謝克爾。等我說出我的困惑後，那個鄰居非常不高興地說：「我的時間不是錢嗎？我燒錄時用的電不用錢嗎？我把這個東西拿來交給你，我坐車不要錢嗎？這些不都是錢嗎？」聽了他說的話，我乖乖把錢給了他，心想：這就是猶太人的金錢觀，我應該要入境隨俗，不能再用舊思維來想這件事。

類似的情形還有很多。又有一次，一位媒體朋友帶一個中國社會科學院介紹的波蘭代

表團到我家，剛好一位懂波蘭語的猶太籍老友也來了，大家就在一起聊天。沒想到客人離開後，那位老友問那位媒體朋友：「我今天的費用呢？」媒體朋友很茫然，但因為不清楚我和老友的關係，且因為重視友誼，不想讓任何人下不了台，就給了她三百謝克爾。

這件事讓我很感慨，在公私界限不清楚的情況下，這位「前」老友真的有點差勁。同時我也明白，在涉及錢的問題上，猶太人的想法及做法確實是與眾不同的。**在猶太人的觀念中，時間就是金錢，因為時間確實可以轉化為金錢。你占用了我的時間，就應該支付相對應的費用。**

從另一個角度來說，時間也是堆砌財富的元素。財富是累積起來的，存錢的過程就是累積的過程，這個過程需要時間。即使一開始存款微薄，但只要持之以恆，再加上複利的效果，財富累積的速度也會愈來愈快。

這個道理很簡單，不賺錢就沒錢可以存，不存錢就不會有大筆的錢做投資，沒有錢、不存錢怎麼會成為富翁呢？所有的理財專家都會告訴你，堆砌財富的元素就是時間。再小的錢，只要經由長時間的累積，就會變成大錢。既然存錢是個漫長的過程，就要培養孩子的耐心，習慣延遲滿足，以及懂得把小錢養成大錢。能在漫長時間中靜下心來累積的人，更有可能擁有更多財富。

高科技時代的人才加值術
——終身學習，讓孩子脫穎而出

其實不僅是時間，知識和智慧也是堆砌財富的重要元素。為什麼猶太人的有錢人比例那麼高？就是因為他們重視投資「大腦」，重視智慧與知識，所以即使經歷了逃難、流亡，也能迅速東山再起、重獲財富！

知識就是力量，資訊與情報就是財富！當學校課程講到以色列移民法時，大兒子腦海裡馬上聯想到我們自己家，立刻舉手向老師諮詢相關的法律流程。結果，他發現我有一筆移民安置費沒領取，當天興高采烈地奔回家告訴我。我剛開始還不太相信，可是聽他說得頭頭是道，我只好半信半疑跑去諮詢，沒想到我果真從移民局領回了一萬兩千謝克爾的安置費。這筆錢對當時的我們家來說，不是一筆小數目。我一直想在以色列開一家中餐館，邊經營中餐館，邊做春捲外賣。我原以為這個夢想需要一兩年的時間才能實現，沒想到，兒子這麼快就用他學到的知識幫我圓了這個夢。

大兒子說因為這是他提供的資訊，我該給他一些分潤，所以我非常樂意地給了他五百謝克爾，我認為這是他了悟「資訊與情報就是財富」這一理念應得的報酬，我以他為榮！他學到的知識，改變了全家的命運，也改善了他的生活。我更高興的是，他拿到錢後為我和他的弟弟妹妹買了禮物，我發現，一個人唯有自己具備賺錢的能力時，才會成為慷慨付出的人。

「知識可以轉化為財富」，這點在現在這個資訊時代尤為突出。當今社會尊重知識，高科技人才愈來愈受重視，但是現在新知識、新技術層出不窮，只有不斷學習才能跟上時代的發展，不被時代拋棄。我一向注重孩子的教育，如今就算他們的事業已經很成功了，仍然沒有放棄繼續學習。

終身學習，也是一個我們從猶太人身上學到能讓人終身受益的習慣。

時間就是金錢，知識就是財富！父母要從小培養孩子珍惜時間、耐心等候、把握機會和堅持學習的好習慣。只要運用得當，我們擁有的時間和知識都是能變現金錢的。

猶太媽媽的財商金鑰

五大自我投資，提升財富競爭力

「股神」巴菲特在接受《富比士》（*Forbes*）雜誌採訪時說：「有一種投資好過其他所有投資，那就是投資自己。沒人能奪走你自身學到的東西，每個人都有這樣的投資潛力。」在科技高速發展、資訊瞬息萬變的現代社會，只有不斷提升自己的知識和能力，才能在競爭中取得優勢。

投資自己，可以從以下幾個方面進行：

❶ **投資你的大腦。**現在知識、資訊更新快，堅持活到老，學到老，不斷充實自己的頭腦，才能擁有更多獨到的思維和見解。

❷ **投資你的身體。**身體是做一切事情的根本，每天適當運動、合理飲食、規律作息，能幫助保持健康的體魄。

❸ **投資你的形象。**與人交往，第一印象很重要，好印象可以讓自己事半功倍。得體的穿著、恰當的妝容都能提升氣質。

❹ **投資你的人脈。**不管我們做什麼，都無法避免與人合作。俗話說「朋友多了路好走」，平日多累積人脈，會得到意想不到的幫助。

❺ **投資你的見識。**多和不同的人接觸，多去不同的地方闖蕩，眼界開闊了，見識提升了，一個人的思想也會隨之開闊。

跨出舒適圈，讓人脈、機會主動敲門

我的孩子們在以色列充分學到了猶太人的社交法則，一改在中國的內向的性格，甚至開始主動與陌生人閒談。他們累積的好人緣也發揮作用，轉化為好口碑，不只幫我們開拓市場，也幫孩子們一步步拓展了自己的客戶網。

想要擁有財富，免不了跟人打交道。但是良好的人際關係不是天上掉下來的禮物，需要經年累月的累積和維護。

「石油大王」洛克菲勒曾經這樣感嘆：「與太陽下其他所有能力相比，我最重視與人交往的能力。」美國老羅斯福（Theodore Roosevelt）前總統也曾說過：「成功的公式中，最重要的一項因素就是與人相處。」

他們之所以會有這樣的慨嘆，是因為深知人脈資源的重要性。事實上，大部分成功人士都善於社交和維護人脈資源。

猶太人特別擅長與人來往。因為猶太人散居在不同國家，要與不同地區、不同民族、不同文化背景的人打交道，所以他們深刻理解人際關係對於成功的重要性。**猶太人認為：一個成功的人，一五％是依靠專業技術，八五％是依靠人際交往。**

跨出舒適圈與陌生人交換見聞，碰撞新觀點、鍛造金人脈

猶太人非常喜歡與人交流想法，不管是在咖啡廳喝咖啡，還是在搭乘地鐵，都能和陌生人聊起來。我有一次去北京出差，旅館老闆告訴我有個猶太人特別喜歡每天到旅館的咖啡廳報到，有時和工作人員聊天，有時和其他客人聊天，聽聽他們當天的見聞。

其實大部分猶太人都喜歡與人聊天，而且話題廣泛，能與不同的人聊不同的話題。同時猶太人也擅長從不同的聊天內容中尋找對自己有利的資訊，發現商機。比如說若是和服務生聊天，就能得知最近都來些什麼客人，他們喜歡吃些什麼；若是和其他客人聊天，有些客人是老闆或者生意人，聊天時就可能談到一些當前的困惑和瓶頸等。猶太人回家之後就會琢磨，這些問題應該怎麼解決？有了答案之後，第二天再來跟這些人交流，把自己的想法說出來。一方面是分享看法，另一方面也抬高了自己的身分，給他人留下好印象。

猶太人與人溝通的手腕高超，談吐非常大方，對方可能根本察覺不到他透過對談在打聽什麼。和他人溝通時，猶太人能從對方無意中說出的隻字片語裡發現商機。但是猶太人不會刻意去詢問，他們善於自己發現，所以即使在談話中獲得很多有益資訊，也不會讓對談方覺得他們很突兀或很勢利，因為猶太人聊天時會拿捏好分寸，不會讓人感到越界。

我的孩子們在以色列充分學到了猶太人的社交法則，一改在中國的內向的性格，開始主動與人交往，積極向同學、鄰居、朋友甚至陌生人介紹中國文化。後來，在我們居住的謝莫納鎮，我的孩子被大家公認為「外交大使」。而他們累積的好人緣也幫了他們不少忙，比如孩子們的同學和朋友如果有認識的人辦聚會需要點心，就會主動介紹我們家的春捲給聚會的舉辦者。這些好人緣不只幫我們開拓市場，也幫孩子們一步步拓展了自己的客戶網。

猶太人培養孩子人際交往能力的時候，特別注重外語能力的培養。這大概是因為猶太人曾經一度漂泊，居無定所，在各個國家尋找機會的時候，發現了語言能力的重要性。畢竟人到了一個新的地方，如果會說當地的語言，就更容易融入當地社會。而且普遍來說，語言和文化是有關聯的，**當你學習一個國家的語言，你自然會對他們的文化、習俗有所了解，日後來到了這個地方，就不會顯得格格不入。**

猶太人積極鼓勵孩子多學習幾門外語。他們認為：多一門外語，多一份生意。外語的學習也幫助猶太人在跨國貿易中取得先機。我的孩子們到了以色列之後，看到周圍的人都精通好幾門外語，所以也開始努力學習希伯來語和英語，後來能力突飛猛進。小兒子在打工期間偶遇以色列國防部部長，當時小兒子並不認識他，但依然熱情招待，結果憑藉流利的希伯來語跟大方得體的舉止令對方印象深刻，還意外獲得了去服兵役的機會。

猶太人養護人脈的十個相處祕訣

想要擁有良好的人際關係，**平時與人交往更要注意細節**。我的朋友非常多，我交朋友的時候，不論他們身分地位如何，我都會以禮真誠相待，自然而然也得到他們的信任和喜愛。朋友們也願意把他們的朋友介紹給我認識，如此一來我認識的朋友就更多了。在我的言傳身教下，孩子們也能做到真誠待人，所以不管是在以色列還是中國，他們都迅速建立了自己的朋友圈，生活如魚得水，絲毫沒有隔閡感。這些人際關係的建立，也幫助了他們事業的發展。

當你的人際關係網愈來愈大，你能獲取的資訊就更多，能獲得的機會也更多，賺錢就會變得相對容易，因此人際關係網就是你的資產。

我們在告訴孩子如何才能打造良好的人際關係網、做個受大家歡迎的人時，以下這些猶太人的做法值得借鑑：

❶ **對人有禮貌，真誠待人**。與人交往時，別帶有功利心。讓別人看到你的真心，你自然也能慢慢收穫別人的真心。禮貌體現了一個人的涵養，有禮貌的人給人的第一印象會更好。

❷ **不以自我為中心，多站在他人角度考慮問題**。避免獨斷專行、剛愎自用、自私自利。

❸ **學會傾聽**，切記言多必失。傾聽是一種非常重要的能力，一個善於傾聽的人，有時比能說會道的人更能獲得別人的信賴。管好自己的嘴，多聽多看，眼觀六路，耳聽八方。

❹ **遵守時間，信守諾言**。對於自己沒把握的事情不輕易許諾，言出則必行。千萬不要遲到，這是對人很不尊重的一種表現。如果實在出於某些原因不能在約定時間趕到，一定要提前打招呼。

❺ **學會微笑**。微笑是進入一個陌生環境、與陌生人打交道時很好的敲門磚，能輕鬆向他人展現你的友善。微笑，會讓氣氛更輕鬆。

❻ **真心讚美他人**。及時讚美、真心讚美，善於尋找對方身上的優點。

❼ **學會助人，學會感恩**。助人是快樂之本，養成幫助他人的習慣，會給自己帶來更多機會和發展空間。對於幫助過自己的人，更要心存感恩。

❽ **嚴於律己，寬以待人**。遇事要先從自己身上找原因。處理事情的時候，要有自己的原則和底線，但是要掌握方法。在生活中我們不可避免會與人發生衝突，請記住要就事論事解決問題，不斤斤計較，不進行人身攻擊。如果是對方的過錯，也要試著原諒對方。

❾ **與人交往要懂得拿捏分寸**。熱情自然是一件好事，但是要注意界限，即使是好朋友，有些隱私也是不該去打聽的。另外，盡量不要和朋友有金錢往來，一旦跨過

金錢這條線，友情就很容易變質。

❿ **保持幽默**。猶太人把幽默看作精神食糧，在尷尬場合，適當的幽默可以改變氛圍。但是也要注意分寸，不能把諷刺當成幽默。

充實自己，真誠待人，打造高品質的人際關係網，會為你的財商之路增添不少助力。

猶太媽媽的財商金鑰

人生不可或缺的八種人脈

❶ **醫務人員**。不管什麼時候，健康始終是第一位。醫務人員可以給你一些專業的保健指引，萬一你不幸生病，還可以給予相關幫助。

❷ **銀行業者和其他金融、理財業者**。不是每個人都善於理財，但是如果有懂這方面的朋友，他們可以給你一些專業的建議。銀行業者還可以在你出現資金問題的時候，給你一些指引和幫助。

❸ **當地的公務人員和警察**。雖然我們會覺得普通人的生活跟警察沒有太多交集，但其實戶口遷移、遭小偷這些事情都需要員警處理。認識當地的公務人員和警察，能為生活帶來很多便利。

❹ **律師**。生活在法治社會，遇到問題最好尋求法律途徑解決。有認識的律師可以幫忙我們省掉很多麻煩。

❺ **保險業務**。很多人都希望藉由購買保險為自己的未來增加保障，若擁有擔任保險業務的朋友就可以從專業角度幫你避開保險中的諸多陷阱。

❻ **媒體業者**。媒體是很好的宣傳助手。

❼ **獵頭（人才仲介）**。獵頭手上的工作資源多，對行業了解也更多，也許有天你要換工作，他們可以幫你推薦或者給你一些專業的建議。

❽ **名人**。名人效應大家都知道，不必細說，就看你用什麼方式去結交了。

多累積挫敗經驗，強化孩子的風險嗅覺

我沒有流淚，這次吃虧讓我明白一個道理，因此我不再重蹈覆轍。
雖然這次受騙的經驗並不愉快，但是這小小的金錢虧損，
讓我避免了今後更多的損失，我覺得這也是一筆財富。
如今，我依然感謝那個賣我故障洗衣機的女人。

財富之路不可能一帆風順，吃虧和失敗是常有的事情。遭遇逆境的時候，大部分人的反應是灰心喪氣，更有甚者會一蹶不振，但是猶太人卻能在吃虧和失敗中學會忍耐和等待，記取經驗教訓，瞄準時機東山再起。

現在不少孩子由於父母嬌生慣養，一旦吃點小虧，就覺得是天大的事。其實人生在世，誰沒有吃過虧呢？

吃虧與挫敗都是過程，無人可以避免，但透過終身學習的習慣，能讓這些痛苦轉化為人生的養分，讓我們愈挫愈勇。

我在以色列生活時，也曾經吃過猶太人的虧。有時吃虧也是一筆財富，關鍵就看你怎麼想。

猶太父母
這樣想

平日就把吃虧當吃補，增強趨吉避凶的決策判斷

去以色列之前，我們家在上海用的是全自動洗衣機，但剛到以色列時，我們家裡什麼家具、家電都沒有，需要重新採購。睡覺用的床、吃飯用的桌椅和廚房用具，這些家具都是不能省的，冰箱也是不可或缺，但是洗衣服我可以用手來解決，就暫時不買洗衣機。我當時的原則就是：凡是可以靠我自己勞動解決的，都不在我的購物清單裡。

我從上海帶來的洗衣板，原本是想用它來洗必須手洗的衣物，後來因為一直沒買洗衣機，我就把它架在浴缸裡，用手一一搓洗每件衣服。就這樣，我手洗了半年多的衣物，捨不得去買一台全新的洗衣機，因為一台要價三千多謝克爾。

但是全家四個人要洗的衣服實在太多了，我的體力實在不堪負荷。剛好某天樓下鄰居告訴我，有人在賣一台二手洗衣機，只要兩百五十謝克爾，這個價格符合我的省錢原則，於是我立即前往那戶人家。那個女主人把洗衣機的插頭插上後，說：「你看，洗衣機燈亮了，它可以正常運轉。」我看到洗衣機有反應，沒有多想就把它買了下來。

我把洗衣機搬回家後，請鄰居幫我接好水管。加滿水後，一按開關，洗衣機不但沒有動靜，整個房間的電路都跳閘了。當時我的內心很崩潰，原先期待當晚不必再手洗衣服的喜悅立即被難過取代。我趕緊找維修工人來查看情況。維修工人一看就訝異地說：「這台洗衣機不就是某某家的嗎？我已經跟他們說過這台根本修不了。已經完全不能用的洗

衣機，為什麼還拿來賣？」維修工人也很氣憤，因此沒有收我本來應該給他的二十謝克爾上門服務費就走了。聽了他的話，我知道自己是被黑心賣家欺騙了。

我很生氣地跑到那戶人家，男主人對我愛理不理的，而賣我洗衣機的那個女主人衝出來，凶巴巴地說：「我賣給你的時候，已經通電給你看了，你自己當時也看到通電後燈是亮的，證明賣給你的時候洗衣機可以運轉，是你自己搞壞了！」我告訴她，洗衣機加了水就不動了，她應該還給我兩百五十謝克爾。沒想到，她大聲地對我吼道：「連兩謝克爾都不會還給你，走走走！等你哪天像我一樣有錢了，就去買一台新的。」她指著屋裡的一台新洗衣機，對我大吼：「走！」

我帶著複雜的心情回家，又花了二十謝克爾找人把這台故障洗衣機送回她家門口。

我沒有流淚，這次的吃虧經歷讓我明白一個道理：買東西時，一定要充分了解商品，進行全面的檢查。之後每次購物，我都會在付款前認真查看，因此再也沒發生類似的事情。雖然在這件事上我吃虧了，但是這兩百七十謝克爾的教訓，讓我避免了今後更多的損失，我覺得這也是一筆財富。如今，我依然感謝那個賣我故障洗衣機的女人。

我的小兒子輝輝也有過一次吃虧經歷。某次他從同學那裡買了一輛二手自行車，我當時就給輝輝打了「預防針」，告訴他：「可以的話再去配一把鎖，因為車子之前的主人可能還留著鑰匙，這車子有可能會丟。」我把我從中國帶去的一個環形鎖交給輝輝，要他鎖上，可是一個月後這台自行車就在校門口前被偷了。

我問輝輝是否兩把鎖都鎖上了，他沮喪地說：「我騎了一個月，覺得挺安全的，所以就沒鎖環形鎖，只鎖了原來那把小鎖……」這就是我預料中會發生的事。這次的教訓，讓輝輝從此知道：很多事情要防患於未然，貪圖一時的方便，可能造成無法挽回的後果。這個教訓他時刻記在心中，讓他在今後的生意中避免了很多損失。這是一筆多麼可貴的財富！

在人生道路上，吃虧是不可避免的。古話說得好，「吃虧是福」，「吃一塹，長一智」。吃虧之後別氣餒，想辦法挽回，從事件中記取教訓，以後就不會再吃同樣的虧。

煉乳發明家的受挫故事
——「成功」的反義詞不是「失敗」，是「放棄」

我們經常說「失敗是成功之母」，其實失敗幾次並不可怕，只要善加利用，失敗也會是一筆財富。

煉乳的發明者蓋爾．博登（Gail Borden Jr.），就是歷經無數次的失敗後仍不放棄，最終獲得成功的典型。其實蓋爾．博登並不是一個專業的發明家，他做過土地測量員，做過報紙編輯，後來在一次旅途中看到因食用過期變質食物而死亡的兒童，決定致力於食品加工業。他發明過不少東西，但都因為缺乏市場價值沒能問世，他也只能靠打零工來維持生計。在煉乳這一事業上，博登跌跌撞撞遭遇很多次挫折仍不回頭，直到五十六歲時，才終於成功研製出煉乳。

但在申請專利時，博登又遭遇了失敗，專利局以缺乏新意為理由駁回了他的申請，但是他仍然堅持不放棄，一次又一次申請，終於在第四次申請時獲得許可。

之後，煉乳走向市場之路依然坎坷。很多顧客覺得煉乳希奇古怪，不敢嘗試，很長一段時間無人問津。合夥人對他的產品失去信心，第一家煉乳廠被迫關閉。

但是博登仍然不放棄，他抱著破釜沉舟的決心建立了新工廠，這一次終於大獲成功，博登徹底改變了乳製品業的經營模式，成為美國頗具影響力的煉乳公司。如果沒有博登的堅持不懈，我們現在可能吃不到煉乳。

博登的墓誌銘刻著這幾句話：「我嘗試過，但失敗了。我一再嘗試，終於成功。」這是對博登一生的總結，也是很多成功人士走過的路。人生難免遭遇挫折，從失敗中爬起來，記取經驗繼續奮鬥，就有可能成功；若失敗後一蹶不振，那就是永久的失敗了。

現在很多孩子的抗挫折能力特別低，每次聽到有孩子因為一點挫折就選擇輕生的消息，我的心就特別難過。

建議父母多跟孩子分享那些成功人士過往經歷失敗的挫折故事，讓孩子們知道這個世上很難事事一帆風順，總會有大大小小的失敗，如果遭遇一點小小挫折就放棄自己的生命，就永遠不可能享受到成功的喜悅。

告訴孩子每次的失敗中都藏著財寶，不要被失敗打垮，站起來從失敗中尋找原因，就能擁有這筆可貴的財富，那是花多少錢都買不到的。

猶太媽媽的財商金鑰

金融危機的逃生保命術

根據世界金融市場的規律，差不多每十年就要爆發一次金融危機。根據過往經驗，對普通大眾來說，要想在金融危機中保護自己的財產，可以考慮以下幾種方式來規避。

❶ **現金為王**，盡量拋售手中的有價證券和固定資產。金融危機發生時，股市大跌是必然，房地產價格也可能下降，還無法快速變現。

❷ **分散資源，適當購買黃金、白銀等來保值**。當經濟危機發生時，黃金可以說是最安全的資產了，適當購買一些貴金屬，有助於抵抗金融危機。

❸ **投資生活必需品，儲存大量可消耗的生活物資**。不管什麼時候，人的基本生存需求都是不變的。當經濟危機來臨的時候，與生存相關的生活用品價格將會大幅上漲，儲備日用品，可以避免在危機來臨時付出更高的成本。

獻身公益，是富豪最得意的投資

做公益，是每個人都該具備的意識，並不是富豪的特權。有錢出錢，有力出力，重要的是帶著自己的愛心付諸行動，讓孩子在潛移默化中學會分享、承擔責任和愛。願意分享、有責任感的人，才會在財富之路上走得更穩、更遠。

對猶太人而言，財產固然重要，但也可以分給更需要這些資源的人們，所以猶太人並沒有把金錢看得很重。他們善於賺錢，更善於把錢用到有意義的事情上，其中一項就是做公益。這是因為**財富的最終目的是「利人」，愛的能力是人最大的財富**。在以色列生活的那幾年，我深刻體會到了猶太人的慈善之心，也真正理解了我父親一直以來的慈善行為。

微軟（Microsoft）創始人比爾．蓋茲宣布退休時，將五百八十億美元的個人資產全數捐給慈善基金會，不留分文給子女。美國「鋼鐵大王」安德魯．卡內基（Andrew Carnegie）說：「富人如果不能運用他所聚斂的財富來為社會謀福利，那麼死去時內心也是不安穩的。」在真正有財商頭腦的富人們看來，慈善是自己必須做的事情。

我最初的慈善行為是受到父親的言傳身教。從買菜到照顧工人，父親身體力行告訴我，擁有愛心、傳遞愛心是每個人都該具備的美好特質，這是父親所受的猶太教育在他靈魂深處烙下的印記，後來他來到中國，也沒有忘記盡自己的努力幫助身邊的人。

富人熱中慈善，是因為他們想把錢用到更有意義的事情上。他們認為要先付出才會有回報，所以猶太富翁喜歡做公益來回報社會。而且從長遠來看，慈善並非單方面的付出。他們的善良，也在無形中為他們帶來了好名聲、好影響，某種程度上說，做公益也是一種投資，創造雙贏。

現在不少中國企業、名人都積極參加公益活動，我也常聽到人說：「我現在沒有富餘的錢，等我存夠錢再去做公益。」其實，做公益並不是有錢人的專利，也不一定要花錢，正如中文的那句俗語「有錢出錢，有力出力」，只要心懷一顆慈善的心，每個人都可以做公益。

猶太父母這樣做

親子一起做公益，從小樹立「利他」人生觀

《富爸爸，窮爸爸》一書中，兩位爸爸對於公益行為的態度可以給我們一些啟發。窮爸爸總是說等有多餘的錢就捐出去，但是終其一生他都沒有多餘的錢，也就沒做什麼慈善；富爸爸則認為錢要先付出才會有回報，不管自己是貧窮還是富有，他都定期捐出一些錢回饋社會，結果他愈來愈有錢。

我認識的猶太家庭都會帶孩子參加慈善活動，不管他們自己的生活條件如何，都會在自己力所能及的範圍內幫助他人。

我很喜歡做志工，也堅持在醫院做志工。孩子們在我的影響下，也很樂於幫助他人。我可以很自豪地說，我兒子願意把錢用來幫助需要幫助的人，跟我對他的教育分不開。我在參加某醫院的義賣活動時，買了志工女士親手做的一隻小熊玩偶，送給動心臟手術的小朋友。人民幣兩百五十元並不是多大的數目，但只要想到這隻小熊玩偶能為生病的小朋友帶來溫暖，這筆錢我花得很開心。

我在醫院做志工的時候，遇到家庭經濟困難的病人，我都會主動提供說明。我很慶幸我有能力幫助他人，我覺得用錢多做一些有意義的事回饋社會，也是理財之道——**把錢用在最需要的人身上，才是發揮了財富的最大價值。**

女兒在以色列長大時，家裡的經濟狀況已經逐漸好轉了，所以她沒吃過什麼苦。為了讓女兒懂得愛別人、有慈悲情懷，我常帶她去養老院探望孤獨的老人和長期臥床的病人，藉這樣的機會，我帶孩子感受愛、傳遞愛，也幫孩子樹立「利他」的人生觀。

當我們為老人倒茶，跟老人們噓寒問暖時，女兒學到了如何對長者表達敬重與關懷；當我們唱些老歌，引起老人的共鳴時，女兒知道了老人們更需要的是心靈的安慰；當我們幫老人按摩那布滿皺紋的臉龐時，我想讓女兒明白：人都會衰老，都會步入生命的這一段。

幫助他人所滿足的被需求感，比起物質更讓人幸福

我現在也會帶我的孫女貝貝做志工。每次結束之後，貝貝就會跟我說：「阿婆，今天我收穫特別多，我幫助了別人，覺得很開心。以後我要好好學習，學好本領，幫助更多人。」有時孫女還會把自己的零用錢捐出去，因為她跟著我做志工的過程中，看到了很多需要幫助的人，所以她想在自己的能力範圍內盡可能幫助他人。

二〇二〇年春節，新冠疫情洶洶襲來，從新聞中看到武漢的醫院缺乏防護物資，孫女毫不猶豫拿出自己的壓歲錢，請爸爸媽媽幫忙聯繫，希望能為醫護人員盡一份自己的力量。孫女跟我說：「雖然今年的壓歲錢捐出去，自己就沒有零用錢買想要的東西了，但想到能幫助到辛苦跟病毒搏鬥的醫生和護士們，就覺得很開心。希望我們可以快快戰勝病毒！」孫女的話讓我感到很欣慰，她能自發地想到盡自己的努力去幫助他人，這種利他行為就是慈善。

做公益，是每個人都該具備的意識，並不是富豪的特權。我們每個人都可以用自己的愛心去幫助他人。有錢出錢，有力出力，重要的是帶著自己的愛心付諸行動，傳遞愛、分享愛，在這個過程中，你一定會收穫很多意想不到的東西。

帶孩子一起做公益，既能培養他們的愛心，又能培養財商，在潛移默化中教會孩子分享、承擔責任和愛。**願意分享、有責任感的人，會在財富之路上走得更穩、更長遠。**

做父母的要以身作則，多帶孩子參加公益活動，為孩子樹立慈善觀念，讓孩子體會到助人的快樂。比如，帶著孩子在社區舉辦跳蚤市場，把不用的書和玩具賣掉，得到的錢捐給慈善機構或者有需要的人。一個朋友跟我說，當他們捐款給當地的慈善機構後，還收到了一份證書，孩子們看到證書後心情激盪不已，**這種被需要的感覺，遠遠勝過賣東西收到錢的喜悅**。

愛心是需要傳遞的，只有人人都充滿愛，這個世界才會變得溫暖。父親教我做公益，我也教我的子女做公益，希望看到這本書的你也開始把關愛送到你身邊那些需要幫助的人身上。

猶太媽媽的財商金鑰

孩子也能參與的八種慈善活動

❶ **愛心捐款：**學校或社區辦募捐活動時，可以帶孩子一同參與，創造消費以外的零用錢使用方式。

❷ **照顧或領養流浪動物：**帶孩子去動物保護機構，了解救助和保護動物的知識，並鼓勵他們以擔任志工或領養等方式貢獻自己的力量。

❸ **拜訪養老院：**和長者聊聊天、唱唱歌，給予陪伴跟傾聽。

❹ **送禮物給生病的孩子：**有些生病的小朋友在醫院很孤單，需要關懷，家長可以關注這方面資訊，讓孩子為生病的孩子準備禮物，鼓勵他們勇敢戰勝病魔。

❺ **捐贈二手玩具和書籍：**把自己用不上的玩具、書籍、衣服捐給需要的小朋友，最好讓孩子自己寫一封信，放在包裹裡一起寄出。

❻ **籌款活動：**有些公益組織會號召大眾參與義賣等籌款活動，家長可以帶孩子去參加，最好能讓孩子知道這些籌措來的經費用來做什麼，有機會去看看自己所資助的項目，這樣更能觸動孩子。

❼ **社區公益活動：**有些社區會提供一些工作給小小志工，可以鼓勵孩子積極參與。

❽ **公益的體育運動：**有的公益組織會舉辦一些體育運動，鼓勵孩子參加健走、跑步等運動，將報名費收入捐贈給有需要的人。

放手教育，讓孩子從心定位職涯

只有孩子真正熱愛的事情，才能長久堅持下去，化為人生的財富。請不要用我們的價值觀為他們思考，因為價值觀是會變化的。作為父母，我們要鍛鍊的是孩子的自我思考能力、自我選擇能力、找到自我定位的能力，和尋找價值的能力。

猶太父母這樣做

退居二線，放手讓孩子尋找自我價值、發揮潛能

我有個好朋友是以色列特拉維夫一家醫院的院長。有一天，我和他聊起了孩子職業選擇的話題，他對我說他兒子想考醫學系時，他這樣告訴他兒子：「如果你只是想賺錢，那就要再重新思考一下。」

我當時聽了他的話大吃一驚，馬上問他原因。不是有很多年輕的學生，為了將來能有一份收入好的工作，才拚命要考醫學系嗎？至少我知道有不少父母是出於這個原因，讓孩子去擠醫學系的窄門。

這個院長朋友說他並不反對孩子學醫，但是他希望孩子明白，醫生行業很辛苦，如果

沒有治病救人的理想，只是受金錢力量的驅使，那麼他將來也不會成為一位好醫生。他一再強調：「我不想左右孩子的未來，但是，我會給他這樣一個提醒，讓他再重新思考一下自己的選擇。」

在以色列那些年，我真真切切感受到猶太父母是真的尊重孩子的獨立性，給孩子選擇的自由，不會對孩子的未來指手畫腳。這種後退一步、讓孩子自己做選擇的家長在以色列很普遍。**猶太父母正是因為愛孩子才選擇退居二線，他們認為這是對孩子未來負責的一種表現**。他們相信孩子有自我思考能力，也有自我選擇能力，父母只要從旁稍微給點建議，讓他們建立自己的定位、尋找自己的價值、決定自己的未來。

猶太父母認為，如果按照父母的意願逼孩子做他們不喜歡的工作，孩子不會真心投入，這樣無法讓孩子的價值得到充分發揮，也無法讓這份工作的價值得到充分體現。與其如此，還不如分析孩子的特質，做他們的參謀和軍師，幫他們找到興趣和願景，然後自己退居二線，引導孩子走向更廣闊、更富有理想的未來世界。

受猶太文化影響，我讓孩子們決定自己的未來，我會給出建議，但讓孩子自己判斷是否接受。大兒子想考上海外國語學院，他說他的理想是當一個作家，在不冒任何投資風險的前提下賺取利潤，我贊成；小兒子決定進入旅遊高等專業學校，想成為專業的旅遊人才或開辦自己的旅遊社，我也贊成；小女兒說她要去中國學廚藝，當一個頂尖的糕點師，然後去開辦全世界最好吃的糕點店，我也贊成。因為他們明白，自己的未來只能自己來負責。

猶太家庭教育有一句至理名言：「不相信孩子，什麼都替孩子做決定，等於剝奪了孩子自由發揮的機會。等到孩子自己來向您徵求意見或是尋求幫助的時候，再做決定也不遲，而且反而會像孩子所期待的那樣帶來很好的結果。」

有些父母覺得自己的閱歷比孩子豐富，幫孩子做決定是為了讓他們少走彎路，不走錯路。沒錯，有時候，我們幾十年人生經驗的積累，都是真正寶貴的東西。但是，人生不是單行道，尤其在孩子的長遠人生中，請不要用我們的價值觀為他們思考，因為價值觀是會變化的。

我們幾十年的人生經驗，真正應該傳授給孩子的是：孩子，想想你的興趣在哪裡？你的天分在哪裡？你能不能擁有快樂的生活？你是否具備終身學習的態度？作為父母，我們要鍛鍊的是孩子的自我思考能力、自我選擇能力、找到自我定位的能力，和尋找價值的能力。

現在是全球化時代，人才競爭早就不同以往。作為父母，要鬆開捆綁孩子心靈、手腳的枷鎖，讓孩子能按照自己的心志，以自己的速度，去找到自己的人生座標。這樣的道理，也許用我小兒子輝輝自己的話來講，更有說服力。

有一次，他在電話中對我說：「媽媽在教育我們的時候，一直幫我們尋找座標，鼓勵我們建立理想，思考自己的道路。我非常感謝這一點。我懂事以後回想，在我們小的時候，媽媽帶著我們三個孩子那麼辛苦，生活也不富裕，本來應該教育我們多多賺錢的。但是，您卻沒有這麼做。我按照媽媽的教育，盡全力去追求自己的理想。後來，我去上海讀大學，您還支持我花很多錢去學鑽石鑑定，鼓勵我不要只看眼前的利益，要把眼光放長遠。現在，我在事業上取得成功，有了好的經濟條件，能夠自由、幸福地生活，這都是媽媽賦予我的。」

父母與其費盡心思為孩子積攢財富，不如想方設法讓孩子擁有財商頭腦。不管你擁有多少錢，如果只出不進，終有花完的一天。唯有讓孩子自己擁有正確的財商思維，具備理財能力，才能讓他們今後不管處在什麼境況下，都可以在自己的人生道路上獨立自主地生活，活出自己的精采。這遠比留給他們大筆金錢更有助於他們的未來。

猶太父母
這樣想

給孩子財產不如給財商，人生最大財富是自立

做父母的一定要記住，孩子的人生道路終究是要靠自己去走的，任何人都沒辦法代替。從小培養孩子獨立自主、自己解決問題的能力非常重要。父母從小要給孩子自由成長的空間，不能越俎代庖。**只有孩子內心真正熱愛的事情，才能長久堅持下去，變成屬於自己的人生財富。**

美國富商約翰・富勒（John Fuller）小時候家境非常不好，家中有七個兄弟姐妹，他從

五歲起就開始工作賺錢貼補家用。但是他有一位很了不起的母親，他母親經常告訴他：「我們不應該這麼窮，不要說貧窮是上天的旨意。我們很窮，但不能怨天尤人，那是因為你爸爸從未有過改變貧窮的欲望，家裡每一個人都胸無大志。」

這些話深深影響了富勒，他下定決心改變貧窮的家境，開始努力追求財富。十二年後，富勒接手一家被拍賣的公司，後來又陸續收購了七家公司。他每次談及成功的祕訣，都不忘感謝他的母親，他覺得是母親改變了他的思維，讓他知道只要有改變貧窮的願望，就有可能會成為有錢人。是母親讓他明白：「雖然我不能成為富人的後代，但我可以成為富人的祖先。」雖然富勒的母親沒有能力給他金錢，但是母親給他正確的財商思維、質樸的財商教育，改變了他的思想，讓他最後能夠靠自己的努力擁有讓人羨慕的財富。

好的財商教育能在孩子心中埋下一顆種子，在適當的時候發芽長大，成就一個富裕美好的未來。

最後，要提醒父母的一點是，不管是財商教育還是人生之路，做父母的都不要操之過急，不要代替孩子做決定，不要插手孩子的人生。我一直強調理財就是理人生，這是一個漫長的過程，沒有速成技巧，需要孩子自己在父母、老師的指導下去琢磨。父母只是孩子的指路人，未來之路到底怎麼走，需要孩子自己決定。給孩子好的教育，然後放手讓孩子自己去搏，這才是明智的父母。

以色列有一句廣為流傳的教子名言：「教育的目的，是把每個人都訓練成一個有自己

獨立思想的人。」而我認為，真正的財商教育，教的是一種能夠在任何環境中都能獨立生存的能力。

未來孩子終究要獨立生存，父母能做的，是在孩子出去之前給他們足夠多的能量儲備，這些能量可以是知識，可以是技能，可以是思維方式，還可以是愛。用這些能量為孩子燦爛的未來打好基礎，這就是財商教育的魅力。

猶太媽媽的財商金鑰

財商教育的四大地雷區

如今社會上有不少財商教育的培訓機構，但是素質良莠不齊，做父母的一定要睜大眼睛篩選，若出現以下四種情況請直接淘汰。

地雷1 將財商教育視為理財教育

很多財商培訓機構簡單把教理財視為財商教育，這是以偏概全的做法。財商應該是人生綜合資源的管理能力，是一種掌控和駕馭資源的能力。

地雷2 把財商教育簡單化，內容單一無層次

財商教育要根據孩子不同階段的特性，分階段進行，不同年齡段有不同重點。

地雷3 財商教育與其他教育脫節

財商教育不該是獨立的，應該與智商、情商、道德教育相輔相成。

地雷4 過分強調金錢的作用

財商教育不該把金錢當成目標。金錢只是工具，該培養的是掌控金錢的能力。

後記——

教養與財商，都需要察覺需求才能溝通互利

教育孩子如同一項系統工程，財商教育只是其中一部分。財商不僅僅是賺錢，財商教育並不是要把孩子教育成一個眼裡只容得下錢的人。我們要給孩子的財商教育，是培養孩子對人生綜合資源的管理能力，培養孩子掌控和駕馭資源的能力。換句話說，我們在培養孩子理財能力的同時，也在提升他「管理人生」的能力。

道理都是相通的，像理財一樣「理」孩子，更容易得到孩子的認可。而對於父母來說，教孩子理財的同時，也在提升自己「理」孩子的能力。

前段時間，在一次講座結束後，一個媽媽來找我，說她的孩子已經兩個月不肯剪頭髮，問我有什麼辦法可以讓小朋友去理髮。

我問她小朋友在不在現場，她說在，然後小朋友不甘不願地被他媽媽帶到我面前。我聞了聞他的頭，挺香的。我心想這個孩子是個好孩子，因為他的頭髮香香的，代表他還是很注意自己的衛生和形象。他的媽媽一直在旁邊說：「他就是不肯剪頭髮，我跟他說

再不剪就沒有零用錢了。」

我當時告訴這位母親：「頭髮長在孩子頭上，跟媽媽沒有關係，他要剪或者不剪都是他個人的問題，是孩子可以自己做決定的事情。你是否問過孩子為什麼不想剪頭髮呢？還是只是把自己的審美和意見強加在孩子身上？孩子不願意根據你的吩咐去剪頭髮，背後應該有他自己的想法跟需求，家長應該去溝通理解，而不是一味要孩子按照你的生活需求要求孩子遵守。因為現在的孩子接收很多資訊，他們有自己的想法，不可能總是聽從家長的安排。你試著換種方式，問孩子是不是想追流行？是不是覺得留長髮很酷？也許孩子就會告訴你原因，你再分析、解決問題，會比你武斷、主觀要求孩子去剪頭髮更有效。」

這個孩子看了我一眼，拉了拉我的手。我看著他說：「你是個好孩子，我知道你為什麼不想剪頭髮，你是想獲得一種感覺。其實有很多方法可以幫你找到這種感覺，你要做的是從中找到能讓你和媽媽都滿意的解決方式。你這麼聰明，肯定知道怎麼拿捏頭髮的長度。」

孩子都很聰明的，晚上講座主辦方致電給我，說那個孩子一離開會場就讓媽媽帶他去理髮店。他保留了中間部分的長髮，剪短了四周的頭髮，與母親達成共識。

對於現在的孩子，我們要用新的思想、新的理念去理解他們。別因為孩子不剪頭髮，就逼他去，家長得弄清楚事情背後的原因。我們阻擋不了社會潮流，父母需要不斷學習，跟上形勢。很多時候只要找到孩子的需求，就能和孩子良好溝通，得到令雙方都滿意的結果。

看到需求，找到合適的方法和切入點，這不正是具有高財商的人擅長的事情嗎？如果我們的父母都有足夠的財商，是不是在「理」孩子的時候也能更輕鬆呢？

其實父母並不是沒有能力發現孩子的需求，而是因為大部分父母內心深處認為自己比孩子更見多識廣，所以習慣用居高臨下的態度對待孩子。但是他們忽略了孩子也是人，也有自己的思想，他們更期待被父母平等對待。

做父母也是需要方法的，和理財一樣。好的理財方式會讓你的金錢翻倍，不恰當的理財方式可能讓你滿盤皆輸。同樣地，好的教育方式會讓孩子認識到錯誤並改正，並且記憶深刻，不當的教育方式可能造成孩子的反叛或者親子關係緊張。即使是現在，我的孩子們已經長大了，我也會時刻注意對他們的教育方式。

最近的一次母親節，我等到半夜十二點還沒有收到小兒子的問候消息。我當時非常生氣，很想罵他。可是我罵他的念頭突然被「人生不如意之事，十之八九」的念頭打斷。我控制了自己的情緒，拿起手機傳訊息給他：

兒子，感謝你為我帶來今天的節日。因為你的到來，我成了母親，我為今天的節日感到自豪。孩子，你是我的未來，也是我的現在。之前四十年漫長的人生路上，你為我帶來了無窮的力量。因為你，我戰勝了困難；因為你，我戰勝了沮喪；因為你，我戰勝了無數個夜晚的哭泣；因為你，我變得從容而勇敢。

今天我不知道為什麼會那麼思念你的成長過程，不知道為什麼對你的思念會化成一串串眼淚……兒子，我特別想你。如果我有來世，我希望還做你的媽媽，你還做我的兒子。我一定會改掉很多你記憶中我的不完美之處，也許還會有新的不完美出現，但人生就是這樣，當所有的不完美你都能接受時，你的人格就更豐滿了。

兒子，希望你的明天比今天更好！母親節快樂，謝謝你，我的兒子！

大概十幾分鐘後，我的手機開始「叮咚、叮咚、叮咚」響起來，他按照猶太人的慣例，發給我「七乘以五」一共三十五個流淚的表情（在猶太人的神話故事中，上帝造物用了七天，每天流下五行淚），沒有說一句話。我當下沒有回覆追問，之後再也沒提過這件事。如果換成往常，我會追問他為什麼，但是我當時覺得我要給孩子留有充分的自尊心，因為不論是多大的孩子，他都是一個獨立的人，有自己的自尊。

後來，我參加歸國華僑聯合會議，突然有個公司老闆叫我過去，說要給我看個東西。我一看，這是我發給我兒子的簡訊，我很好奇他為什麼有。他告訴我，他們通訊群組裡許多人因為這段話掉了很多眼淚，他自己看到這段話的第二天就去探望他母親了。他說：「我怕『子欲養而親不待』，你對兒子的教育方式影響了我們這些生意人，我們都回想了自己對母親的不足。我們的母親一直在默默奉獻，但沒有哪個母親會像你這樣用另一種方式來引導孩子。」

我告訴他，我之所以這樣做源於兩點：一是我真的很感謝孩子們的到來，讓我有機會過母親節，讓我能表達對孩子的愛；二是我想告訴孩子要尊敬母親，孩子沒有做到，所以我提醒他了。但是我不會用一種居高臨下的語氣對孩子說話，因為我認為孩子從出生開始就是一個獨立的個體，和父母一樣，他們會有自己的思想和人格，他們也需要被尊重、被認可。我把孩子看成是我的夥伴，我們是平等的關係，而不是因為孩子是我生的，我在他們面前就高高在上。一旦你和孩子處於平等地位，你們的溝通就會順暢很多。

這是不是跟商業合作有點像？合作的雙方如果是不對等的關係，那麼合作必然是不能持久的。一個具有高財商的人會懂得尊重他的夥伴，互利合作，達到雙贏效果。做父母的也要尊重孩子，平等交流才能維護良好的親子關係。

最後，我要在這裡跟做父母的朋友們說，跟理財一樣，教育孩子也是一項長期工程，做父母的要勤於學習，千萬不能心急。

野人家 225

作　　者　沙拉．伊麥斯 Sara Imas

野人文化股份有限公司
社　　長　張瑩瑩
總 編 輯　蔡麗真
主　　編　陳瑾璇
副 主 編　李怡庭
責任編輯　陳韻竹
專業校對　林昌榮
行銷企劃經理　林麗紅
行銷企畫　蔡逸萱、李映柔
封面設計　周家瑤
美術設計　洪素貞

讀書共和國出版集團
社　　長　郭重興
發 行 人　曾大福
業務平臺總經理　李雪麗
業務平臺副總經理　李復民
實體通路暨直營網路書店組　林詩富、陳志峰、郭文弘、賴佩瑜、王文賓、周宥騰
海外暨博客來組　張鑫峰、林裴瑤、范光杰
特販組　陳綺瑩、郭文龍
閱讀社群組　黃志堅、羅文浩、盧煒婷
版 權 部　黃知涵
印 務 部　江域平、黃禮賢、李孟儒
出　　版　野人文化股份有限公司
發　　行　遠足文化事業股份有限公司
地址：231 新北市新店區民權路 108-2 號 9 樓
電話：（02）2218-1417　傳真：（02）8667-1065
電子信箱：service@bookrep.com.tw
網址：www.bookrep.com.tw
郵撥帳號：19504465 遠足文化事業股份有限公司
客服專線：0800-221-029
法律顧問　華洋法律事務所　蘇文生律師
印　　製　博客斯彩藝有限公司
初版首刷　2023 年 2 月

國家圖書館出版品預行編目（CIP）資料

教出富小孩，猶太媽媽這樣說 ： 用 EQ 教 FQ 最有效！【塔木德的財商教養智慧】/ 沙拉 . 伊麥斯作 . -- 初版 . -- 新北市 ： 野人文化股份有限公司出版 ： 遠足文化事業股份有限公司發行 , 2023.02
面；　公分 . --（野人家 ; 225)
ISBN 978-986-384-822-6(平裝)

1.CST： 家庭理財 2.CST： 親職教育

421　　111020330

9789863848226（平裝）
9789863848356（PDF）
9789863848363（EPUB）

野人文化
官方網頁

野人文化
讀者回函

教出富小孩，
猶太媽媽這樣說
用 EQ 教 FQ 最有效！

線上讀者回函專用 QR CODE，你的寶貴意見，將是我們進步的最大動力。